ZWEITE SAMMLUNG ASTRONOMISCHER MINIATUREN

VON

ELIS STRÖMGREN

UND

BENGT STRÖMGREN

MIT 41 ABBILDUNGEN, 2 STEREOSKOPBILDERN
UND 1 TAFEL

BERLIN · VERLAG VON JULIUS SPRINGER · 1927

ISBN-13: 978-3-642-98186-9 e-ISBN-13: 978-3-642-98997-1
DOI: 10.1007/978-3-642-98997-1

Vorwort.

Es geschah vor nicht langer Zeit, daß ein deutscher Physiker im Vorwort eines kleinen Buches über ein aktuelles physikalisches Gebiet dem Verleger besonders dankte, weil er die Arbeit so beschleunigt hatte, daß das Buch nicht während des Druckes veraltete.

Dies ist für das Arbeitstempo der modernen Physik bezeichnend, und es könnte unter gewissen Umständen dasselbe für die Astronomie sein. Wenn der Unterzeichnete während des Druckes der vorliegenden kleinen Arbeit keine ernsthaften Sorgen in derselben Richtung wie sein Kollege in der Physik zu haben brauchte, so liegt das im wesentlichen daran, daß das Buch Probleme aus der klassischen Astronomie behandelt. Doch auf einen Punkt muß ich in diesem Zusammenhang die Aufmerksamkeit lenken: die *Eddington*sche Theorie vom inneren Bau der Sterne ist in der letzten Zeit so großen Veränderungen ausgesetzt gewesen, daß die Schilderung, die ich in meinen vorherigen Büchern „Astronomische Miniaturen" (das Kapitel Scylla und Charybdis) und „Die Hauptprobleme der modernen Astronomie" davon gegeben habe, jetzt als teilweise veraltet angesehen werden muß. In der vorliegenden Arbeit ist der Gegenstand unter Berücksichtigung der letzten Entwicklungsphasen behandelt.

Die Verfasser haben bei der Ausarbeitung dieses kleinen Buches an dem Programm der „Astronomischen Miniaturen" festgehalten: die Einteilung in eine Reihe kleiner

Kapitel, die für einen wesentlichen Teil ganz unabhängig voneinander sind. Es ist meine Ansicht, daß diese Anordnung das ihrige dazu tut, die Lektüre des Buches zu erleichtern, um so mehr, als die in den Kapiteln des Buches behandelten Probleme recht verschiedene Anforderungen an den Leser stellen. Ich glaube, daß dies eine gute Methode ist, um zwischen dem allzu Elementaren und dem allzu Schwierigen zu balancieren. Ein Buch wie das vorliegende will sich gerne an ein Publikum mit sehr verschiedenen Voraussetzungen wenden; und selbst wenn man in unseren Tagen es nicht, wie *Littrow* in seinem berühmten Werk „Wunder des Himmels", für nötig hält, den Leserkreis um Entschuldigung zu bitten, weil man hin und wieder Dezimalbrüche anwendet, so will man doch auf der anderen Seite nicht so gerne einen Beitrag zu der Illustration der alten pessimistischen Sentenz liefern, die sagt: Gott gibt die Mandeln dem, der sie nicht beißen kann.

Mit Rücksicht auf die Arbeitsverteilung zwischen den beiden Verfassern ist zu bemerken, daß der Unterzeichnete die Kapitel I—III, V—VII und X—XI geschrieben hat, *Bengt Strömgren* die Kapitel IV, VIII und IX. Die Ausführung des größten Teils der geometrischen Zeichnungen sind dem Assistenten am Observatorium, cand mag. *Jens P. Möller* zu verdanken. Die Übersetzung ins Deutsche ist von Frau *Lisa Krüger* vorgenommen.

Kopenhagen, im Juli 1927.

Elis Strömgren.

Inhaltsverzeichnis.

Abb. 1. Die Kuppel in dem für München gebauten Planetarium, von innen gesehen, mit Sternhimmel und Horizont; in der Mitte der Apparat, der Sonne, Mond, Planeten und Sterne auf das künstliche Himmelsgewölbe projiziert.

I. Das Wunder in Jena.

Auf jedem einzelnen Heft der französischen populär-astronomischen Zeitschrift „L'Astronomie", die von *Camille Flammarion* begründet wurde, steht seit Jahrzehnten auf dem Titelblatt das folgende Motto: „Ist es nicht erstaunlich, daß beinahe alle Bewohner unseres Planeten bis in unsere Zeit hinein gelebt haben, ohne zu wissen, wo sie sich befinden, und ohne das Geringste von den Wundern des Weltalls zu ahnen?"

Und doch muß man wohl zugeben, daß es eine plausible Erklärung für diese betrübende Tatsache gibt: Gerade die allerersten Elemente der Astronomie bieten dem ungeschulten Gehirn nicht geringe Schwierigkeiten. Die allerersten Elemente der Astronomie, d. h.: die tägliche Umdrehung des

Himmelsgewölbes und die scheinbaren Bewegungen der Sonne, des Mondes und der Planeten zwischen den Fixsternen am Himmel. Wer nicht eine gewisse Übung in geometrischer Anschauung hat, wird alles dies als sehr verwickelt empfinden, und wenn man sich einmal in diesen elementaren Begriffen der Astronomie festgefahren hat, ist man in der Regel auch davon abgeschreckt worden, zu versuchen, in Gebiete der Astronomie einzudringen, die in Wirklichkeit bedeutend geringere Ansprüche an die Raumphantasie stellen als gerade die ersten Begriffe.

Man hat versucht, sich mit Globen, mit Zeichnungen, mit Sternkarten auszuhelfen, aber die Erfahrung hat gelehrt, daß die Schwierigkeiten trotzdem so groß waren, daß sie die meisten abschreckten. Jetzt aber ist das Mittel gefunden, das die Grundlagen der Astronomie Allen verständlich machen wird, ein Mittel, das Allen zugänglich gemacht werden kann, und ein Mittel, das nicht nur ein pädagogisches Anschauungsinstrument allerersten Ranges ist, sondern auch einen Schönheitswert besitzt wie sehr wenige unter den Erzeugnissen der menschlichen Kultur seit den ältesten Zeiten bis zu unseren Tagen.

* * *

In der kleinen deutschen Universitätsstadt Jena liegt das weltbekannte Zeisssche optische Institut, im Jahre 1846 von *Carl Zeiss* gegründet, später durch eine lange Reihe von Jahren von dem Physiker *Ernst Abbe* geleitet, dem Idealisten, dem Manne mit dem sozialen Gerechtigkeitsgefühl, dem Industriefürsten, der in seiner Firma aus eigener Initiative moderne soziale Organisationsformen eingeführt hat. Diese Firma ist es, aus der das moderne Wunder hervorgeht, welches imstande sein wird, die große Masse über die Mysterien des Sternhimmels aufzuklären und das aller Wahrscheinlichkeit nach in unzähligen Kulturzentren der Erde ein festes Glied bilden wird in der Erziehung des Publikums zu positivem Wissen über das, was am Himmelsgewölbe geschieht, und zur Empfänglichkeit für seine Schönheit.

Einige Jahre vor dem Ausbruch des Weltkrieges wandte der Direktor des Deutschen Museums in München, Dr. *Oskar von Miller*, sich an die Firma Zeiss mit der Bitte, den Versuch zu machen, in Form einer halbkugelförmigen Kuppel ein „Planetarium" zu konstruieren, wo man von innen die tägliche Umdrehung des Himmels und die Bewegungen der Sonne, des Mondes und der Planeten würde verfolgen können.

Der ursprüngliche Plan war der, die Sterne mit Hilfe von kleinen Glühlampen, die an der Innenseite einer Blechkugel befestigt sein sollten, darzustellen; die tägliche Umdrehung des Himmels wiederzugeben durch eine drehende Bewegung der Kugel um eine Achse, die dieselbe Neigung zum Horizont haben sollte wie die Weltachse an der Stelle hat, wo das Planetarium gebaut werden sollte; und die Bewegungen der Sonne, des Mondes und der Planeten zwischen den Fixsternen mit Hilfe von kleinen leuchtenden Scheiben vorzuführen, die durch besondere mechanische Vorrichtungen über das innere Gewölbe der Himmelskugel geführt werden sollten.

Schon die ersten Versuche zeigten aber, daß man hier unlösbaren mechanischen Aufgaben gegenüberstand, und allmählich wurden die Pläne ganz geändert.

In der „Zeitschrift des Vereins Deutscher Ingenieure" hat Dr. *W. Bauersfeld* eine vollständige Beschreibung des für das Deutsche Museum in München fertiggestellten Werkes gegeben, und später hat die Firma Zeiss in einer Reihe von kleinen Schriften die vielen Verbesserungen und Umformungen beschrieben, denen das Planetarium nach und nach unterworfen wurde, bevor es die jetzige Vollendung erreichte.

Im folgenden gebe ich die Hauptpunkte in der Konstruktion des ersten Planetariums wieder.

Abb. 2. Der Projektionsapparat in Wintertag-Sommernacht-Stellung.

Der Grundgedanke war dieser: Die Himmelskugel fest aufzubauen und alle Himmelskörper mit Hilfe eines Systems von Projektionsapparaten vom Zentrum der Himmelskugel aus auf diese Kugel zu projizieren. Das Bild auf S. 1 zeigt uns die Himmelskugel, nach unten vom (Münchener) Horizont begrenzt und — in der Mitte — den Projektionsapparat, der in Abb. 2 und 3 in beträchtlich größerem Maßstab zu sehen ist. Der Projektionsapparat besteht, abgesehen vom Fußgestell, auf dem er ruht, aus zwei wesentlichen Teilen: oben eine Kugel aus Eisen

Abb. 3. Der Projektionsapparat in Sommertag-Winternacht-Stellung.

(Durchmesser 50 cm), mit 31 kleinen Projektionsapparaten zur Projektion des Fixsternhimmels versehen, und unten (rechts in der Abb.) ein offener Zylinder, in 7 verschiedene kleine Gehäuse, für jeden der sieben Himmelskörper, eingeteilt: Sonne, Mond und alle fünf mit bloßem Auge sichtbaren Planeten: Merkur, Venus, Mars, Jupiter und Saturn.

Jeder der 31 kleinen Projektionsapparate für den Sternhimmel gibt einen kleinen Teil des Fixsternhimmels wieder, und sie haben alle als gemeinsame Lichtquelle eine Nitralampe von 200 Watt im Zentrum der Eisenkugel. Die Sterne werden auf die Himmelskugel als kleine runde Scheiben projiziert, größere für die lichtstarken Sterne, kleinere für die lichtschwachen, im ganzen ca. 4500 Sterne, in den später gebauten eine wesentlich größere Anzahl. Die Eisenkugel ist drehbar um eine Achse, die in der Richtung der Himmelsachse liegt, wodurch wir eine naturgetreue Wiedergabe der täglichen Umdrehung des Himmels erhalten. Für die Darstellung der Milchstraße sind eine Anzahl besondere kleine Projektionsapparate auf der Eisenkugel angebracht worden.

Sonne, Mond und Planeten werden auf unsern künstlichen Himmel mit Hilfe des genannten, in 7 Gehäuse geteilten großen Zylinders projiziert, der z. B. auf der Abb. 2 unten rechts zu sehen ist. In dieser Einstellung, der Wintertag-Sommernacht-Stellung, liegt er dem Eisenfuß, auf dem der obere Teil des Apparates ruht, nahezu parallel. Es ist nicht möglich, die Einzelheiten dieser sieben Mechanismen nur an Hand dieser Abbildung zu erklären, aber das Hauptprinzip läßt sich in folgender Weise ausdrücken.

Wir denken zuerst an den einfachsten Fall: die scheinbare Bewegung der Sonne am Himmel im Laufe des Jahres. Die scheinbare Bewegung der Sonne ist dasselbe wie die Bewegung der Sonne am Himmel von der Erde aus gesehen. Um aber diese Bewegung auf den Himmel zu projizieren, brauchen wir nur in einem der sieben Gehäuse des Zylinders eine kleine Glühlampe (die Erde) um den Mittelpunkt (die Sonne) wandern zu lassen, mit einer Bewegung, die jedenfalls annähernd der wirklichen Bewegung der Erde um die Sonne entspricht. Denken wir uns zum Beispiel die Glühlampe (die Erde) mit dem Mittelpunkt (der Sonne) durch ein Rohr verbunden, und hinter der Glühlampe einen Projektionsapparat, so erhalten wir auf der Himmelskugel einen leuchtenden Körper projiziert, dessen Bewegung zwischen den Fixsternen der scheinbaren Bewegung der Sonne im Laufe eines Jahres entsprechen wird.

Nach demselben Prinzip, wenn auch ein wenig komplizierter in der Ausführung, werden mit Hilfe der sechs anderen Gehäuse durch Projektion die scheinbaren Bewegungen des Mondes und der Planeten am Himmel bewirkt. Hierbei hat der Konstrukteur berücksichtigt, daß die betreffenden Bewegungen nicht kreisförmig sind, sondern nach komplizierteren Gesetzen vor sich gehen. Auf nähere Details wollen wir nicht eingehen, auch nicht auf die Mechanismen, die bewirken, daß der Mond sich in den richtigen Phasen zeigt: Neumond, erstes Viertel, Vollmond, letztes Viertel, je nachdem auf welchem Punkte in seiner Bahn er sich befindet.

* * *

Aus dem Obigen hat der Leser einen Eindruck von der an sich nicht so besonders komplizierten Apparatur bekommen, mit deren Hilfe die Firma Zeiss die gestellte Aufgabe gelöst hat. Aber keine Beschreibung, keine Photographie, keine Zeichnung ist imstande, den überwältigenden Eindruck wiederzugeben, den eine Vorführung im Zeissschen Planetarium auf den Zuschauer ausübt. In den wenigen Wochen, in denen Zeiss' Planetarium in Jena aufgestellt war, ist es Abend für Abend von Hunderten und Aberhunderten von begeisterten Zuschauern besucht gewesen. Das Deutsche Museum in München hat dies erste Exemplar von der Firma Zeiss geschenkt bekommen. In Jena ist kurze Zeit darauf ein neues aufgestellt worden; augenblicklich hat eine große Anzahl deutscher Großstädte Planetarien gebaut oder bestellt, und wenn man nach den begeisterten Beschreibungen urteilen darf, die man in englischen, amerikanischen und französischen Zeitschriften gesehen hat, steht dem Zeissschen Planetarium ein Siegeszug über die ganze zivilisierte Welt bevor.

Schön ist es, außerordentlich schön bei einer solchen Vorführung dort in Jena. Aber die Bedeutung des Planetariums geht viel weiter als dieser unbestreitbare Schönheitseindruck. Die größte Rolle wird es sicher als Unterrichtsmittel spielen. Der Mechanismus des Planetariums erlaubt eine Variation in den Vorführungen, die es Jedem möglich macht, den Begebenheiten am Himmel in einer Weise zu folgen und sie so zu verstehen, wie sonst nur ernste Studien es ermöglichen. Man kann den verschiedenen Bewegungen verschiedene Geschwindigkeiten geben. Man kann den Mond langsam über das Himmelsgewölbe ziehen lassen und seine Bewegung unter den Sternen in allen Einzelheiten verfolgen. Man kann ihn auch mit einer solchen Geschwindigkeit über den Himmel sausen lassen, daß er in etwa $^1/_2$ Sekunde den Himmel umfliegt. Dann wird der Mond zu einem leuchtenden Band rund um den Himmel; verfolge ich ihn während einer größeren Anzahl von Umläufen am Himmel, dann bekomme ich eine klare und anschauliche Vorstellung davon, wie die Mondbahn allmählich ihre Lage am Himmel ändert, eine Veränderung, die man sonst nur verstehen kann, wenn man eine gewisse geometrische Phantasie besitzt, oder eine geometrische Übung, die ein ernsthafteres Studium voraussetzt.

Und die Bewegungen der Planeten:

Indem man die Mechanismen mit größerer oder kleinerer Geschwindigkeit funktionieren läßt, und indem man die Sonne an einem bestimmten Ort am Himmel festhält oder sie wandern läßt, kann man vor seinen Augen die scheinbaren Bewegungen der Planeten in einer so konkreten, so eindringlichen Art sehen, wie es nie früher möglich gewesen ist. Und noch weiter: Man kann die Namen der Sternbilder auf die Himmelskugel projizieren; man kann mit Hilfe einer kleinen Handlampe einen leuchtenden Pfeil irgendwo am Himmel als Hilfsmittel für den Unterricht projizieren; in den in den letzten Zeiten gebauten Planetarien kann der ganze Projektionsapparat für jede beliebige Polhöhe eingestellt werden, so daß man an jedem Planetarium den Bewegungen am Himmel folgen kann, so wie sie sich an allen möglichen verschiedenen Orten der Erde zeigen. Man hat eine Bewegung eingeführt, die der Präzession entspricht, so daß man im Laufe von Minuten oder noch kürzerer Zeit die durch die Präzession im Laufe der Jahrtausende hervorgerufene Veränderung im Aussehen des Himmels verfolgen kann. Man hat die Möglichkeit, Meridian, Äquator und Ekliptik auf das Himmelsgewölbe zu projizieren usw.

* * *

Der Schreiber dieser Zeilen zweifelt nicht daran, daß die Hauptzentren der Kultur einmal alle — früher oder später — ihre Planetarien bekommen. Es ist keine billige Geschichte, die Kosten belaufen sich auf mehrere hunderttausend Mark. Aber nie ist ein Anschauungsmittel geschaffen worden, das so instruktiv wie dies wäre, nie eins, das so bezaubernd gewirkt hätte, nie eins, das im selben Grade, wie dies, sich an Alle wendet. Ein kostbares und aristokratisches Instrument, in seinen Wirkungen demokratischer als irgendein anderes. Es ist Schule, Theater und Film zugleich, ein Schulsaal unter dem Gewölbe des Himmels, und ein Schauspiel, wo die Himmelskörper die Akteure sind. Natürlich soll der, der dies subtile Kunstwerk vorzeigt, selber Phantasie besitzen und auch eine astronomische Bildung, die sich weit über die Elemente hinaus erstreckt. Hier haben wir vielleicht die Achillesferse des Planetariumgedankens.

* * *

Jena hat alte Kulturahnen. An Jena knüpfen sich viele der größten Namen deutschen Geisteslebens: *Goethe* und *Schiller, Leibniz, Hegel, Fichte, Novalis, Schelling, Nietzsche* . . .

Abb. 4. Das neue Planetarium-Gebäude in Jena.

Das Jena von heute arbeitet vielleicht weniger mit philosophischen Systemen als das alte, und die Dichtkunst in Jena hat auch bessere Tage gekannt, aber es liegt in dem modernen Jenensischen Wunder soviel Phantasie und soviel Poesie, daß es von diesem Gesichtspunkt aus gut im selben Atemzuge mit den großen Namen der deutschen Dichtkunst genannt werden kann. Eine Nitralampe, eine Anzahl Taschenprojektionsapparate, einige Zahnradübersetzungen und soundsoviele Meter elektrischer Leitungsdraht, das sind die Hauptingredienzen und das Resultat: das schönste Kunstwerk.

II. Das Zweikörperproblem.

Wenn *Tycho Brahes* Beobachtungen wesentlich genauer gewesen wären, als sie es waren, dann wäre das Gesetz der allgemeinen Gravitation vielleicht nie entdeckt worden, oder es hätte auf jeden Fall wahrscheinlich lange gedauert, ehe diese Entdeckung hätte stattfinden können. Dies ist eines der vielen Paradoxen, die man aus dem Studium der Probleme der Himmelsmechanik herausholen kann.

Ein zweites lautet wie folgt: Wenn es geschähe, daß ein Planet auf seiner Wanderung um die Sonne in einen Stoff hineinkäme, der seiner Bewegung Widerstand böte, dann würde er in Zukunft ganz sicher eine größere durchschnittliche Geschwindigkeit erlangen. Und ein drittes: Hätte *Laplace* das Wissen unserer Mathematik über die Konvergenz der Reihen besessen, dann hätten unsere numerischen Theorien über die Bewegung der großen Planeten vielleicht nie die Vollendung erreicht, die sie zur jetzigen Zeit haben.

Das erste und das letzte dieser drei Paradoxen hat der Verfasser in den „Hauptproblemen" (S. 27—28) berührt. Das zweite ist eines der vielen interessanten Resultate, die sich aus einigen einfachen Sätzen über das Zweikörperproblem ergeben.

Die Lehre von der Bewegung der Himmelskörper bildete ein paar Jahrhunderte lang das zentrale Problem der Astronomie. *Kopernikus, Kepler, Tycho Brahe* und *Newton* sind die Namen der vier Männer, die vor allen anderen — direkt oder indirekt, durch Beobachtung, Theorie und Rechnen — die Grundlage für diesen wichtigen Zweig der Wissenschaft herbeigeschafft haben. Die Astrophysik existierte nicht, und die stellarastronomischen Untersuchungen nahm man im allgemeinen vor, ohne daß sie einem stellarastronomischen Zweck dienten: Die Örter der Sterne bestimmte man hauptsächlich um der Sonne, des Mondes, der Planeten und der Kometen willen, um Vergleichspunkte zur Bestimmung der Bewegung dieser Himmelskörper zur Verfügung zu haben, und nicht aus Rücksicht auf die Sterne selbst.

Von allen Zweigen der Astronomie ist wohl die Himmelsmechanik derjenige, der dem Laien am schwersten zugänglich ist, und in unserer Zeit, wo die Astrophysik und die Stellarastronomie so gewaltige Triumphe feiern, ist die Himmelsmechanik aus der populär-astronomischen Literatur so gut wie verschwunden. Und das ist jammerschade! Früher konnte man sich ein populär-astronomisches Werk nicht ohne die Hauptresultate der Himmelsmechanik denken, man braucht nur an *Herschels* und *Littrows* prachtvolle populäre Bücher zu denken. Und es ist ganz begreiflich — dies Gebiet ist bedeutend schwieriger, als die meisten anderen Zweige der Astronomie, sowohl darzustellen wie auch zu verstehen; doch läßt sich ein großer Teil der wichtigsten Sätze der Himmelsmechanik in einer Form darstellen, die wohl eine gewisse Anstrengung von seiten des Lesers voraussetzt, jedoch keine mathematischen Kenntnisse, die über das Maß der elementarsten Begriffe hinausgehen. Wenn der Verfasser sich in diesem und ein paar der folgenden Kapitel auf einige einfache mathematische Ausdrücke und Sätze stützt, geschieht es in der Hoffnung, daß diese Ausdrücke und Sätze dem ernsthaften Leser keine wirklichen Schwierigkeiten bereiten werden.

* * *

Das Gravitationsgesetz besagt: Überall, wo sich zwei Massenpartikel finden, existiert zwischen ihnen immer eine Anziehungskraft, die genau in der Richtung zwischen den beiden Partikeln wirkt. Diese Kraft ist größer, je größer die Masse der beiden Partikel (bzw. m_1 und m_2) ist, und kleiner, je größer der Abstand (r) zwischen ihnen ist; in exakter Form: Die Kraft ist proportional dem Produkt der beiden Massen, und umgekehrt proportional dem Quadrat des Abstandes; in mathematischer Form wird es in folgender Weise ausgedrückt:

$$\text{Kraft} = \frac{m_1 \cdot m_2}{r^2}.$$

Die Masse m_2 zieht die Masse m_1 mit dieser Kraft an, und die Masse m_1 zieht die Masse m_2 mit genau derselben Kraft an.

Wie groß ist die Wirkung dieser Kraft (die „Akzeleration“)? Ja, es ist dieselbe Kraft, die auf m_1 und m_2 wirkt, doch wenn die beiden Massen m_1 und m_2, auf die diese Kraft wirkt, von verschiedener Größe sind, ist es klar, daß die Wirkung nicht die gleiche sein wird. Die Wirkung auf m_2 wird kleiner (oder größer) als die Wirkung auf m_1, je nachdem m_2 größer ist (oder kleiner) als m_1. Beispiel: Die Sonne und die Erde. Die Masse der Sonne ist über 300 000 mal so groß wie die der Erde. Dieselbe Kraft, die die Erde gegen die Sonne zieht, zieht auch die Sonne gegen die Erde; doch die Wirkung auf die Bewegung der Sonne wird über 300 000 mal kleiner als die Wirkung der Sonne auf die Bewegung der Erde.

* * *

Wir wissen, daß das Zweikörperproblem das Problem von der Berechnung der Bewegung für zwei Massenpartikel ist, die nach dem Gravitationsgesetz aufeinander wirken, unter der Voraussetzung, daß wir von allen anderen Kräften absehen können.

Stellen wir uns vor, daß die eine Masse (m_2) so klein ist, daß sie im Verhältnis zu der anderen (m_1) als verschwindend betrachtet werden kann, dann kommen wir zu einer Überlegung, die wir nach S. 10—11 in den „Astronomischen Miniaturen" wiederholen:

Wir nennen (Abb. 5) die zwei Körper S (Sonne) und E (Erde). Da wir davon ausgehen, daß die Masse von E eine verschwindende ist im Verhältnis zu der von S, wird S überhaupt keine merkliche Bewegung ausführen, die durch die Anziehungskraft von E verursacht ist. Wir nehmen an, daß die Erde in dem Augenblick, wo wir unsere Untersuchung beginnen, sich in dem Punkt E auf der Figur befindet, und daß sie eine Bewegung hat, die sie im Laufe einer gewissen Zeit von E bis a_1 führen würde. Gleichzeitig wird sie durch die Anziehungskraft der Sonne das Stück $a_1 E_1$ gegen die Sonne hingeführt. Als Resultat ergibt sich, daß die Erde den Weg $E E_1$ (statt $E a_1$) zurücklegt. Im Laufe der nächsten Zeiteinheit würde die Erde nun von E_1 bis a_2 fortschreiten, die Sonne bewegt sie aber das Stück $a_2 E_2$, und deshalb erhalten wir die Bewegung $E_1 E_2$ statt $E_1 a_2$.

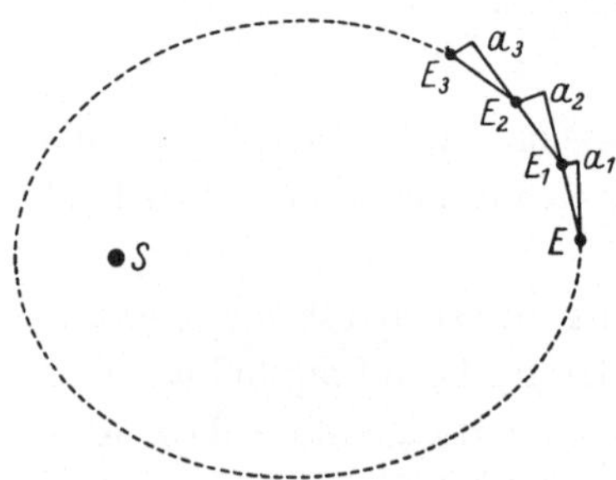

Abb. 5. Erklärung der Bewegung eines Planeten um die Sonne.

Wir können diese Überlegung wiederholen. Im Laufe der folgenden Zeiteinheit wird der Planet von E_2 bis E_3 wandern usw. Dies ganze Räsonnement ist natürlich ziemlich grob: Wenn wir der Bewegung von E genau folgen wollten, könnten wir uns nicht mit diesen Dreiecken begnügen. Wir müßten jedes einzelne kleiner und kleiner machen, um die wirkliche kontinuierliche Bewegung zu erfassen. Wir müßten sie ganz einfach unendlich klein machen, wie der Mathematiker es nennt. Dies ist dasselbe wie der Übergang von der niederen Mathematik zur Infinitesimalrechnung (Differential- und Integralrechnung). Und mit Hilfe dieser Methode der höheren Mathematik ist es in der Tat möglich, in die Natur der kontinuierlichen Bewegung einzudringen.

In der Folge können wir unsere Zuflucht nun nicht zu den Formeln der höheren Mathematik nehmen; doch zum Teil ist es möglich, mit vollständig elementaren Hilfsmitteln verschiedene der Bewegungsgesetze zu erklären, die das Zweikörperproblem charakterisieren, und zum Teil werden wir an einigen Punkten den mathematischen Operationen gewisse Sätze entlehnen, deren Richtigkeit zu beweisen wir hier nicht versuchen werden, von deren Bedeutung und deren Anwendung auf unser Problem es jedoch leicht ist, in einfachen Worten eine Vorstellung zu geben.

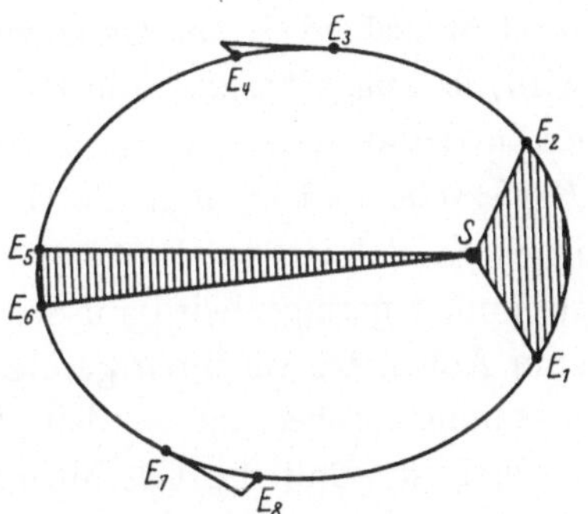

Abb. 6. Das zweite *Kepler*sche Gesetz.

Als erstes Beispiel wählen wir das bekannte zweite *Kepler*sche Gesetz, welches aussagt, daß das Areal, das während der Bewegung des Planeten von der Verbindungslinie zwischen Sonne und Planet überstrichen wird, der Zeit proportional ist. Was dies bedeutet, sehen wir auf Abb. 6. Wenn E_1SE_2 das Areal bezeichnet, das die Verbindungslinie SE in einer gewissen Zeit in der Nähe des

Perihels (des Punktes, wo der Planet der Sonne am nächsten ist) überstreicht, und E_5SE_6 das Areal, das dieselbe Linie in derselben Zeit überstreicht in der Nähe des Aphels (des Punktes, wo der Planet am weitesten von der Sonne entfernt ist), dann besagt das zweite *Kepler*sche Gesetz, daß das Areal E_1SE_2 und das Areal E_5SE_6 genau gleich groß sein müssen, woraus, wie die Abb. zeigt, unter anderem hervorgeht, daß die Geschwindigkeit des Planeten in seiner Bahn in der Nähe des Perihels immer größer sein muß als die Geschwindigkeit in der Nähe des Aphels, und daß dieser Unterschied in der Geschwindigkeit um so größer sein wird, je langgestreckter die Bahn ist (je größer die „Bahnexzentrizität" ist). Und ganz allgemein bedeutet das zweite *Kepler*sche Gesetz, daß die Geschwindigkeit der Planeten in ihren Bahnen im Perihel immer am größten ist, daß sie immer geringer wird auf dem ganzen Wege vom Perihel zum Aphel, wo sie ihren geringsten Wert hat, um danach beständig größer zu werden, bis der Planet wieder im Perihel ist. Daß die Geschwindigkeit eines Planeten notwendigerweise gerade auf diese Art variieren muß, das ist nun sehr leicht, ohne irgendeine Art mathematischer Berechnung zu zeigen. Wir brauchen bloß noch einmal einen Blick auf Abb. 6 zu werfen. Wir sehen sofort: Solange der Planet in seiner Bahn sich der Sonne nähert (also auf dem Wege vom Aphel zum Perihel), solange wirkt die Anziehungskraft so, daß die neue Geschwindigkeit, die der Planet erhält (z. B. E_7E_8), größer ist als diejenige, die er hatte, d. h., die Geschwindigkeit nimmt zu; und wenn der Planet sich auf dem Wege vom Perihel zum Aphel befindet, wirkt die Anziehungskraft der Bewegung entgegen, und die Geschwindigkeit nimmt ab (E_3E_4).

* * *

Es ist analog möglich, durch einfache Gedankengänge auch andere Eigenschaften der Bewegung im Zweikörperproblem abzuleiten. Es ist z. B. gerade so leicht, zu zeigen, daß, wenn wir verschiedene Planetenbahnen miteinander vergleichen, die Umlaufszeit in einer äußeren Planetenbahn immer größer sein muß als in einer inneren (drittes *Kepler*sches Gesetz), nicht bloß, weil ein Planet in einer äußeren Bahn einen längeren Weg zurückzulegen hat als in einer inneren, sondern auch, weil die Geschwindigkeit an sich in der äußeren Bahn durchschnittlich geringer sein muß als in der inneren.

Wir sind jedoch genötigt, auf verschiedene dieser Sätze innerhalb des reinen Zweikörperproblems nicht weiter einzugehen und einige Fragen zu besprechen, die später als Grundlage unseres Verständnisses für kompliziertere Probleme, besonders das wichtige sogenannte Störungsproblem, dienen werden.

Eine Planetenbahn wird durch sechs verschiedene Bestimmungsstücke, die sogenannten Bahnelemente, charakterisiert. Zwei von diesen sechs dienen dazu, die Lage der Bahnebene im Raum festzulegen. Auf diese beiden Bahnelemente werden wir in einem späteren Kapitel zurückkommen. Die vier anderen Bahnelemente können in folgender Weise definiert werden.

Bahnelement 1: Die halbe Großachse der Ellipse ($MA = MP$); sie wird im folgenden mit dem Buchstaben a bezeichnet.

Bahnelement 2: Die Exzentrizität; wird mit e bezeichnet und ist der Ausdruck für den Grad der Langgestrecktheit der Bahn. Den Abstand vom Mittelpunkt der Ellipse (M) bis zu einem Brennpunkte (S u. B) bezeichnet man gewöhnlich mit c, und der Theorie der Ellipse entlehnen wir die Definition $e = \frac{c}{a}$.

Bahnelement 3: Die Orientierung der Ellipse in der Ebene der Planetenbahn = dem Winkel zwischen einer fest gegebenen Anfangsrichtung, ausgehend von der Sonne (S), die ja immer in dem einen Brennpunkt der Ellipse steht, und der Richtung von der Sonne zum Perihel. Dieser Winkel (♈SP) wird Perihellänge genannt und mit π bezeichnet.

Bahnelement 4: Die Perihelzeit, die einen Augenblick angibt, wo sich der Planet exakt im Perihel befindet. Sie wird mit dem Buchtaben T bezeichnet. Kenne ich T, dann kann ich mit Hilfe der bekannten Umlaufszeit alle früheren und alle kommenden Periheldurchgänge berechnen.

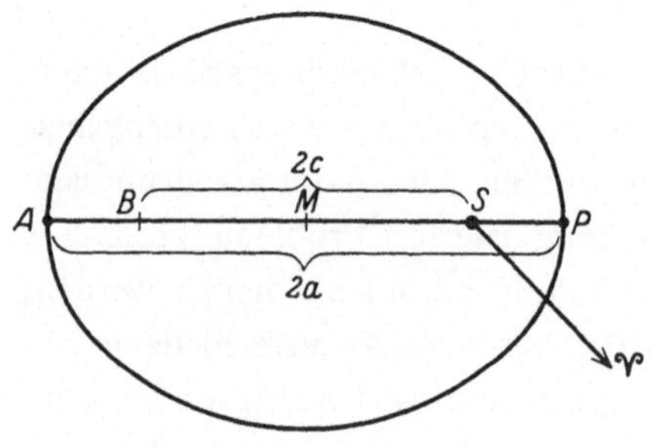

Abb. 7. Eine Bahnellipse.

Stelle ich mir nun vor, daß ich weiß, wo der Planet sich in einem gewissen Augenblick relativ zur Sonne befindet, und wie er sich in diesem Augenblick bewegt, dann kann ich die Ellipse mit Hilfe dreier Sätze bestimmen, die ich teils der geometrischen Theorie der Ellipse entlehne und teils der mathematischen Theorie des Zweikörperproblems, die uns die Infinitesimalrechnung geschaffen hat.

Diese Sätze kann man auf die folgende Weise ausdrücken:

1. In der Ellipse bilden die Tangenten in jedem Punkt gleichgroße Winkel mit den beiden Geraden, die von diesem Punkt zu den beiden Brennpunkten der Ellipse ausgehen (Abb. 8, Winkel $SEa = BEb$).

2. Wenn ich von einem Punkt einer Ellipse zu den beiden

Brennpunkten der Ellipse (S und B) die zwei Geraden r und r_1 ziehe, dann gilt für jeden Punkt der Ellipse, daß $r + r_1 = 2a$, d. h., daß die Summe dieser beiden Geraden denselben Wert für alle Punkte der Ellipse hat, einen Wert, der gleich der ganzen Großachse der Ellipse ist.

3. Nenne ich die Geschwindigkeit eines Planeten in einem gewissen Punkte seiner Bahn V, die Gerade vom Planeten bis zur Sonne r und die halbe Großachse der Ellipse a, dann haben wir aus der Theorie des Zweikörperproblems folgenden wichtigen Satz: $V^2 = K\left(\frac{2}{r} - \frac{1}{a}\right)$, wo K eine Konstante bedeutet, deren numerischen Wert wir in dem Folgenden nicht zu kennen brauchen. Dieser Satz setzt uns in den Stand, eine der drei Größen V, r und a zu berechnen, wenn wir die beiden anderen kennen. Beispiel: Kenne ich den Abstand eines Planeten von der Sonne in einem gewissen Augenblick und seine Bewegungsgeschwindigkeit im selben Augenblick, kann ich daraus die halbe Großachse der Bahnellipse berechnen. Diese Gleichung, die im übrigen aus gewissen Gründen die Gleichung der lebendigen Kraft genannt wird, spielt in dem Folgenden eine entscheidende Rolle. Man kann sie nicht ohne mathematische Hilfsmittel beweisen; der Leser muß sie auf Treu und Glauben hinnehmen.

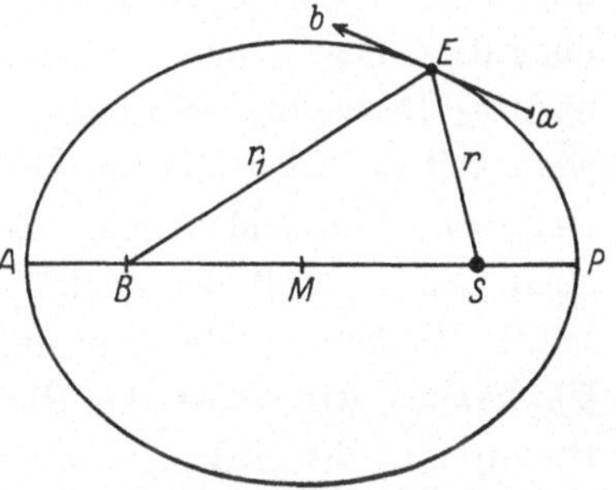

Abb. 8. Die Eigenschaften der Ellipse.

* * *

Mit Hilfe der drei genannten Sätze im Zweikörperproblem können wir die oben angedeutete Aufgabe lösen, die später in unserer Darstellung des Störungsproblems eine große Rolle spielen wird: Wir kennen die Stellung und Bewegung eines Planeten (sowohl mit Rücksicht auf Richtung wie Geschwindigkeit) in einem gewissen Augenblick, es handelt sich dann darum, die Ellipse, in der der Planet sich von nun an bewegen wird, zu konstruieren.

Wir nennen die Sonne S, den Planeten E; der Pfeil auf Abb. 8 gibt durch seine Richtung und Länge die Bewegung im gegebenen Augenblick an. Die Sonne soll, wie wir aus dem ersten *Kepler*schen Gesetz wissen, in einem Brennpunkt der Ellipse liegen. Wir haben die Linie SE mit r bezeichnet, und die Bewegungsrichtung (Pfeilrichtung) ist natürlicherweise mit der Richtung für die Tangente der Ellipse im betreffenden Punkt identisch. Da wir aber nun wissen (siehe oben Satz 1), daß der zweite Brennpunktsradius (r_1) denselben Winkel mit der Tangente bilden soll wie der erste (r), können wir sofort die Richtung von E zum zweiten Brennpunkt der Ellipse einzeichnen.

Wo der zweite Brennpunkt auf dieser Linie liegen soll, erfahren wir durch folgende Überlegung. Aus der Gleichung in Satz 3 (Satz von der lebendigen Kraft) können wir a berechnen, wenn wir, wie hier, r und V kennen. Wir kennen also $2a$, und dem Satze 2 zufolge soll ja $2a = r + r_1$ sein. Gehe daher von S aus, auf der Linie r entlang, bis zu E und davon auf r_1 so weit, bis wir, von S aus gerechnet insgesamt den Weg $2a$ zurückgelegt haben, dann kommen wir gerade zum zweiten Brennpunkt der Ellipse (B)!

Wenn wir jedoch die beiden Brennpunkte haben, dann haben wir die Richtung der großen Achse (SB), und da wir $2a$ kennen, haben wir auch die Länge der großen Achse, und wir können daher gleich das Perihel (P) feststellen und das Aphel (A). Und ferner: Das Stück MS haben wir c, und das

Stück MP haben wir a genannt; wir wissen, daß die Bahnexzentrizität (e) gleich $\frac{c}{a}$ ist, und dadurch kennen wir sowohl die Form der Ellipse wie ihre Dimensionen und ihre Orientierung (die Elemente e, a und π). Und zuletzt: Wissen wir in einem bestimmten Augenblick, wo der Planet sich befindet, dann können wir mit Hilfe der Formeln des Zweikörperproblems dessen Ort leicht zu jedem anderen beliebigen Zeitpunkt berechnen und ebenso auch die Perihelzeiten (T). Und damit haben wir die Lösung des Problems skizziert: Die Bahn eines Planeten zu bestimmen, wenn wir seine Stellung und Bewegung im Verhältnis zur Sonne in einem einzigen Augenblick kennen. Wir werden in Kap. VI sehen, welche wichtigen Anwendungen dies Resultat in der Theorie der Störungen der Planeten hat.

* * *

Wenn ein neuer Komet entdeckt ist, wird ein Telegramm abgesandt an eines der beiden jetzt bestehenden Zentralbüros, die die Entdeckung gleich weitermelden. Hat man drei Beobachtungen an verschiedenen Tagen angestellt, wird eine Bahn berechnet, und mit Hilfe dieser Bahn kann man dann eine „Ephemeride" berechnen, die uns die Stellung des neuen Himmelskörpers in der folgenden Zeit am Himmel angibt.

Nach und nach laufen neue Beobachtungen ein, und es wird dadurch möglich, immer bessere und bessere Bahnelemente zu berechnen. Hier haben wir eins der beiden Hauptgebiete, wo das Zweikörperproblem immer noch eine wichtige Rolle in der astronomischen Praxis spielt.

Ein zweites Gebiet ist die Theorie der Doppelsternbahnen, und über dies Problem wollen wir in einem späteren Kapitel sprechen (Kap. III). Doch bevor wir nun das

Zweikörperproblem in seiner reinen Form verlassen, müssen wir zuerst eine Schuld aus den ersten Seiten dieses Kapitels zurückzahlen.

Auf S. 14 haben wir das Zweikörperproblem unter der Voraussetzung behandelt, daß der eine der beiden Körper eine Masse hatte, die so klein war, daß man sie als verschwindend betrachten konnte im Verhältnis zu der des zweiten. Wenn die Rede von der ungestörten Bewegung eines Kometen oder eines kleinen Planeten um die Sonne ist, dann ist dies Verfahren vollständig ausreichend; gehen wir zu der ungestörten Bewegung der großen Planeten um die Sonne über, dann ist es einigermaßen richtig; für die Doppelsterne würde aber die Theorie in dieser Form ein vollständig irreführendes Resultat geben.

Lassen wir die Annahme fallen, daß die Masse des einen Körpers verschwindend klein ist im Verhältnis zu der des anderen, dann werden beide Körper sich bewegen. Und die Theorie zeigt, daß wir hier einer Ellipse gegenübergestellt werden (im Folgenden halten wir uns ausschließlich an elliptische Bewegungen), in welcher der eine Körper sich im Raum bewegt, und einer zweiten Ellipse für den anderen. Diese beiden Ellipsen haben einen gemeinsamen Brennpunkt (+), wie Abb. 9 zeigt, und sie sind gleichförmig, d. h. sie haben den gleichen Wert für die Exzentrizität (e).

Der Punkt + liegt im Raume fest, und er hat die Eigenschaft, daß er, wie man es nennt, der gemeinsame Schwerpunkt für die beiden Massen m_1 und m_2 ist. Das bedeutet, daß der Abstand m_1 + auf der Abb. sich zu dem Abstand + m_2 immer so verhält wie $m_2 : m_1$. Der gemeinsame Schwerpunkt liegt also der größeren Masse immer am nächsten.

Doch außer diesen beiden „absoluten“ Ellipsen müssen wir auch noch eine dritte betrachten: Die Bahn, in welcher

m_2 im Verhältnis zu m_1 geht (oder m_1 im Verhältnis zu m_2). Diese Ellipse (die sogenannte „relative“ Ellipse) hat wiederum dasselbe e wie die zwei anderen, und was die Dimensionen betrifft, liegt die ganze Sache sehr einfach: Die große Achse der dritten Ellipse (bzw. die kleine Achse) ist genau gleich der Summe derer der beiden anderen Ellipsen.

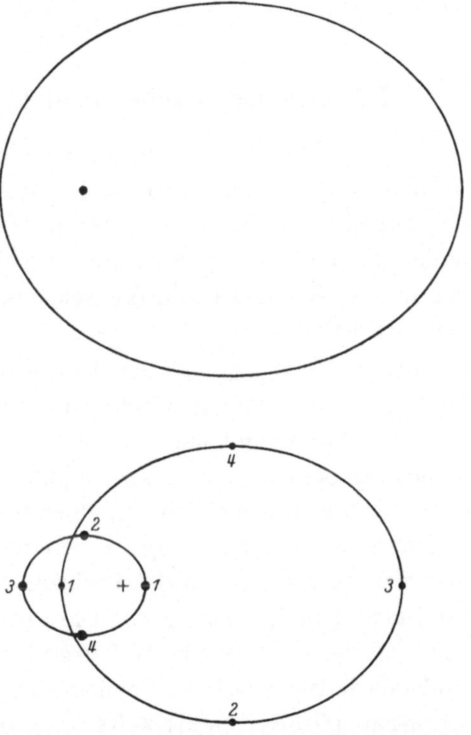

Abb. 9. Die drei Ellipsen im Zweikörperproblem: die relative und die zwei absoluten.

Und damit haben wir die Aufgabe gelöst, die wir uns in diesem Kapitel gestellt hatten: Die Darstellung einer Anzahl Sätze des Zweikörperproblems, die uns später bei der Behandlung einer ganzen Reihe komplizierterer Probleme helfen werden, die im Bereich der Störungstheorie und der Stellarastronomie liegen.

III. Das spezifische Gewicht der Sterne.

Vor ungefähr zwei Jahren kam vom Mt. Wilson-Observatorium die Mitteilung, daß man dort imstande gewesen war, am Begleiter des Sirius die Rotverschiebung der Spektrallinien zu messen, die *Einsteins* Theorie fordert, und, die an unserer Sonne zu konstatieren, bislang sehr schwierig gewesen ist.

Warum hatte man gerade den Begleiter des Sirius zu dieser Untersuchung gewählt? Ja, weil man gerade bei diesem Stern Grund hatte, zu erwarten, daß die Rotverschiebung besonders groß sein müßte.

Es ist nicht meine Absicht, hier Relativitätstheorie zu reden; außer der Andeutung, die bereits gemacht ist, werden wir hier nicht näher auf das Problem der Rotverschiebung eingehen. Nur dies eine noch: Die Rotverschiebung mußte am Begleiter des Sirius besonders groß sein, weil man unter anderem hatte berechnen können, daß dieser Stern ein abnorm großes spezifisches Gewicht besitzt.

* * *

Wie kann man wissen, daß ein gewisser Stern ein besonders großes spezifisches Gewicht hat? Ja, ich bin dessen nicht sicher, daß die Astronomen und andere Freunde der Astronomie sich immer vergegenwärtigen, wie wunderbar die Resultate der modernen Astronomie in Wirklichkeit sind.

Ein Stern sieht für das bloße Auge aus wie ein Punkt. Im Fernrohr sieht er auch aus wie ein Punkt; und wenn wir den Eindruck haben, daß die hellsten Sterne visuell oder photographisch eine kleine runde Scheibe zeigen, dann ist das nicht die Sternscheibe, die wir sehen: sie entsteht durch Eigenschaften der Luft, des Fernrohrs, des Auges und der photographischen Platte. Und trotzdem wissen wir zur jetzigen Zeit von diesen kleinen Punkten, welche Dimensicnen sie haben, wieviel sie wiegen, welches spezifische Gewicht sie haben, welche Temperatur, und wir wissen genau, aus welchen chemischen Grundstoffen sie zusammengesetzt sind.

Und die allermodernste Astrophysik ist noch ein Stück tiefer eingedrungen. Wir wissen, in welchem Zustand die ungeheuer kleinen Bruchstücke dieser kleinen Punkte sich befinden, die Atome, aus denen die Sterne sich aufbauen. Wir können von einem bestimmten Stern sagen, ob die Atome des einen oder anderen Grundstoffes dieses Sternes sich in ihrem normalen Zustand befinden, oder ob sie einen oder mehrere ihrer Elektronen verloren haben!

Wir wollen hier nun eines dieser Probleme behandeln: wie man die Dichte eines Sternes bestimmen kann.

Wir werden dies Problem für sich allein behandeln, soweit es möglich ist getrennt von allen anderen Problemen, die nicht als notwendige Bindeglieder in unsere Betrachtungen mit eingehen.

Die Gedankengänge, die wir verfolgen werden, sind an und für sich alle sehr einfach. Es kommt bloß darauf an, sie in ihrem richtigen Zusammenhang zusammenzustellen.

Zuerst wollen wir von einigen einfachen Grundsätzen sprechen. Und ich fange mit den beiden folgenden an:

1. Dem Verhältnis, welches zwischen der *wirklichen Lichtstärke* eines Sternes, seiner *Entfernung* von uns und seiner *scheinbaren Lichtstärke* besteht, und:

2. den Methoden zur Bestimmung der *Masse* (des *Gewichtes*) der Sterne.

Das erste Problem ist so einfach wie ein wissenschaftliches Problem nur sein kann. Habe ich einen Stern, der eine gewisse Lichtmenge in der Richtung gegen uns ausstrahlt, dann erscheint er schwächer, je weiter er entfernt ist, und zwar in einem ganz bestimmten, gesetzmäßig gegebenen Verhältnis: Denken wir uns den Stern doppelt soweit entfernt, werden wir viermal so wenig Licht empfangen; ist er dreimal so weit entfernt, dann wird er neunmal schwächer für uns usw.

Hieraus ist direkt zu folgern, daß, wenn ich die wirkliche Lichtstärke eines Sternes kenne, und weiß, in welcher Entfernung er sich von uns befindet, ich dann die scheinbare Lichtstärke des Sternes berechnen kann. Doch läßt sich dieser Satz auf folgende Weise umkehren: kenne ich die scheinbare Lichtstärke eines Sternes (diese können wir immer beobachten) und dessen Entfernung von uns (das Parallaxenproblem, siehe die „Hauptprobleme" S. 80), dann kann ich daraus seine wirkliche Lichtstärke berechnen. Die wirkliche Lichtstärke eines Sternes ist ein sehr wichtiger Begriff im Folgenden; es gibt auch andere Methoden, um sie zu bestimmen[1], die Hauptsache aber ist, daß wir wissen, daß sie bestimmt werden kann.

Das zweite Problem lautete folgendermaßen: Die Methoden zur Bestimmung der Massen der Sterne. Auch dafür gilt, daß es mehr als eine Methode gibt, doch für das prinzipielle Verständnis unserer Probleme ist es genügend, sich an ein einziges zu halten.

Wir brauchen hier etwas Himmelsmechanik, aber nicht mehr als das, was wir schon aus dem zweiten Kapitel dieses Buches kennen.

---

[1] Strömgren: Hauptproblem der modernen Astronomie S. 89—90.

Wir denken uns ein Doppelsternpaar: Zwei Sterne, die, von anderen Kräften ungestört, in elliptischen Bahnen umeinander herumwandeln (auf Grund der gegenseitigen Anziehung). Aus dem Vorhergehenden wissen wir nun, (S. 23) daß wir drei verschiedene Ellipsen unterscheiden müssen (Abb. 9):

a) Die Ellipse, in welcher der eine Stern (mit der Masse m_2) um den gemeinsamen Schwerpunkt der beiden Massen wandert,

b) die Ellipse, in welcher der andere Stern um denselben gemeinsamen Schwerpunkt geht, und

c) die Ellipse, in welcher m_2 um m_1, oder, was dasselbe ist, die Ellipse, in welcher m_1 um m_2 herumgeht. Letztere Bahn wird die relative Bahn genannt (die Bahn des einen Körpers in bezug auf den anderen).

Diese drei Ellipsen haben alle genau dieselbe Form (dieselbe Exzentrizität), und mit Rücksicht auf die Dimensionen der Ellipsen konnte gezeigt werden, daß diese sich auf folgende Weise zueinander verhalten:

Ellipse (a) zu Ellipse (b) zu Ellipse (c) = m_1 zu m_2 zu $m_1 + m_2$.

So ist z. B. die große Achse der letzten Ellipse gerade so groß wie die großen Achsen der beiden anderen Ellipsen zusammen.

Doch was wissen wir nun von diesen drei Ellipsen mit Hilfe der Beobachtung von der Bewegung der beiden Sterne?

Ja, wir setzen voraus, daß wir während eines längeren Zeitraumes beobachtet haben, wie der eine der beiden Sterne im Verhältnis zum anderen seine Stellung am Himmel verändert hat, d. h. wir haben die dritte Ellipse beobachtet (die relative Bahn). Ganz richtig ist es nun im allgemeinen nicht, und zwar aus folgenden Gründen: wenn die eine Ellipse, in welcher der eine Körper um den anderen herumwandelt, senkrecht auf der Linie von uns zum Doppelsternpaar steht (der Sehlinie, dem „Visionsradius"), dann ist das die wirkliche Ellipse, die wir im verkleinerten Maßstab sehen. Doch wenn die Bahn schief gegen den Visionsradius liegt, dann ist das, was wir sehen, die Projektion der wirklichen Bahn auf eine Ebene, die senkrecht auf der Sehlinie steht. Das macht indessen nichts aus, da man mit Hilfe der Beobachtungen selbst die Neigung der scheinbaren Bahn zur wirklichen Bahn bestimmen kann.

Wir stellen uns also vor, daß wir die relative Bahn beobachtet haben. Wir kennen dann z. B. die große Achse dieser Ellipse, im Winkelmaß am Himmel ausgedrückt (Bogensekunden oder Bruchteile von Bogensekunden). Und wenn wir auf die eine oder andere Art die Entfernung des Doppelsternpaares von uns festgestellt haben (Parallaxenproblem), dann wissen wir auch, was diese Bogensekunden (oder Bruchteile von Bogensekunden) draußen im Raum bedeuten. Wir können mit anderen Worten die wirkliche große Achse in der relativen Bahn berechnen, im Verhältnis z. B. zur großen Achse in der Erdbahn um die Sonne.

Doch nun beweist man im Zweikörperproblem (s. Kap. VI) einen Satz (das erweiterte dritte *Kepler*sche Gesetz), mit dessen Hilfe man die gesamte Masse der beiden Sterne, $m_1 + m_2$, berechnen kann, im selben Augenblick, wo man die große Achse (a) der Bahn kennt, und die Umlaufszeit (U) der Bahnbewegung. Die große Achse haben wir ja herbeigeschafft, und die Umlaufszeit können wir natürlich direkt beobachten. Wir können also $m_1 + m_2$ bestimmen.

Und nun gehört nur noch ein Schritt dazu, um die beiden Massen m_1 und m_2, jede für sich zu berechnen. Wir wissen, daß die Dimensionen derjenigen Ellipse, die eine der Massen

z. B. m_2, im Weltenraum um den Schwerpunkt des Systems beschreibt, sich zu den Dimensionen der relativen Ellipse verhalten wie m_1 zu $m_1 + m_2$. Nun haben wir zunächst die relative Bahn beobachtet, jedoch hindert uns nichts daran, auch die Ellipse zu beobachten, die die Masse m_2 in bezug auf den gemeinsamen Schwerpunkt beschreibt, d. h. in bezug auf einen im Raume festen Punkt. Einen festen Punkt am Himmel können wir natürlich nicht direkt beobachten, doch wenn wir während eines längeren Zeitraumes die Stellung unserer einen Doppelsternkomponente (z. B. m_2) mit der anderer Sterne vergleichen, die in der Nähe davon am Himmel gesehen werden können, so erhalten wir die Bahn von m_2 im Raume, wenn wir nur annehmen dürfen, daß die Sterne, die wir damit verglichen haben, sich in der Zwischenzeit nicht merkbar bewegt haben.

Wir wollen ein Beispiel wählen. Wir nehmen an, daß wir mit Hilfe unserer Formeln herausgefunden haben, daß die gesamte Masse der beiden Doppelsternkomponenten genau gleich zweimal der Masse der Sonne ist; dies drücken wir folgendermaßen aus:

$$m_1 + m_2 = 2\odot .$$

Wir nehmen ferner an, wir hätten herausgefunden, daß die große Achse in der Ellipse, die der Stern m_2 im Raum beschreibt (also um einen im Raume festen Punkt) sich zur großen Achse in der relativen Ellipse wie 1 zu 4 verhält. Wir erhalten dann mit Hilfe des Satzes auf S. 27:

$$m_1 = \tfrac{1}{4}\,(m_1 + m_2)\,,$$

woraus sich ergibt:

$$m_1 = \tfrac{1}{2}\odot$$

und ferner:

$$m_2 = \tfrac{3}{2}\odot\,,$$

und beide Massen sind dann bestimmt.

* * *

Dies waren die beiden ersten Probleme: Das Verhältnis zwischen scheinbarer Lichtstärke, Entfernung und wirklicher Lichtstärke, und die Methoden zur Bestimmung der Massen der Sterne.

Jetzt kommen wir zu einem dritten Problem: es besteht eine Relation zwischen dem Spektrum eines Sternes und der Lichtstärke, mit der ein bestimmter Teil der Oberfläche des Sternes strahlt.

Die Physiker haben Gesetze gefunden, mit deren Hilfe man aus der Lichtintensitätsverteilung im Spektrum eines Körpers die Strahlungsintensität dieses Körpers für die Oberflächeneinheit berechnen kann. Das sind die sogenannten Strahlungsgesetze. Populärer kann es in der Weise ausgedrückt werden, daß man aus der Farbe eines glühenden Körpers auf die Strahlungsintensität pro Oberflächeneinheit schließen kann: Ein weißer Stern sendet mehr Licht aus pro Oberflächeneinheit als ein gelber, und ein gelber Stern mehr als ein roter. Und diese Verhältnisse können wir in Zahlen ausdrücken.

Das bedeutet, daß wir aus dem Spektrum eines Sternes auf die Strahlungsintensität pro Oberflächeneinheit schließen können. Und dann sind wir gleich am Ziel.

* * *

Wir stellen die bisherigen Resultate zusammen:

1. Wir können aus der scheinbaren Lichtstärke eines Sternes und dessen Entfernung von uns die gesamte Lichtstärke berechnen, die die ganze Oberfläche des Sternes aussendet (das erste Problem).

2. Mit Hilfe des Spektrums des Sternes können wir entscheiden, wieviel Licht der Stern pro Oberflächeneinheit aussendet (das dritte Problem).

Hieraus geht hervor, daß wir berechnen können, wie

groß die Oberfläche eines Sternes ist. Das ist eine einfache Division! Und wenn ich die Oberfläche einer Kugel kenne, dann kann ich durch einfache Formeln deren Radius und Rauminhalt ausrechnen.

Nun kenne ich also den Rauminhalt des Sternes. Und wenn wir zu dem zweiten Problem auf S. 25 zurückkehren, dann werden wir uns erinnern: 3. Daß wir unter gewissen Umständen auch die Masse eines Sternes bestimmen können, d. h. ausrechnen, wieviel ein Stern wiegt.

Und dann ist unsere Aufgabe gelöst. Denn wenn wir wissen, wieviel ein Körper wiegt, und außerdem seinen Rauminhalt kennen, dann ist es klar, daß wir damit auch die Masse des Körpers pro Rauminhaltseinheit haben, oder, was dasselbe ist, sein spezifisches Gewicht kennen. Es setzt wiederum nur eine einfache Division voraus.

* * *

Unter günstigen Verhältnissen kann man also die gesamte Lichtstärke eines Sternes bestimmen, seine Masse und sein spezifisches Gewicht. Im Hinblick auf den Begleiter des Sirius war die Untersuchungsmethode nicht in allen Punkten genau dieselbe wie die, die wir jetzt skizziert haben. Doch im Prinzip war sie dieselbe, und die Messungen der Rotverschiebung, die auf dem Mt. Wilson-Observatorium unternommen wurden, bestätigten — im Licht der Relativitätstheorie — die Berechnungen der Astronomen: Der Begleiter des Sirius hat ein spezifisches Gewicht, welches außergewöhnlich groß ist, etwa 50000 mal so groß wie das spezifische Gewicht des Wassers.

Wie kann dieses abnorm große spezifische Gewicht erklärt werden?

Ja, das ist eine andere Geschichte, und davon wird in einem späteren Kapitel die Rede sein.

IV. Beobachtungen ohne Beobachter.

Die lichtelektrische Methode zur Bestimmung der Örter der Fixsterne.

Eine der wichtigsten Aufgaben der Astronomie ist es, die Örter der Fixsterne am Himmel im Verhältnis zueinander zu bestimmen.

Im Laufe der letzten 100 Jahre ist dieser Aufgabe eine sehr große Arbeit gewidmet worden; die Anzahl der Örter von Fixsternen, die beobachtet wurden, beläuft sich auf über eine Million.

Der Ort eines Sternes am Himmel wird durch seine Rektaszension und seine Deklination angegeben. Die Rektaszension wird durch den Zeitmoment charakterisiert, wo der Stern während der täglichen Umdrehung des Himmels durch den Meridian geht; die Deklination des Sternes wird dadurch charakterisiert, wie hoch er über oder unter dem Himmelsäquator steht.

Die Rektaszensionen und Deklinationen der Fixsterne mißt man mit einem besonders dafür gebauten Fernrohr, das Meridiankreis genannt wird. Der Meridiankreis ist so aufgestellt, daß er sich um eine Achse drehen und so auf Sterne mit größerer oder kleinerer Deklination eingestellt werden kann.

Bei der Bestimmung der Rektaszension eines Sternes kommt es darauf an, den Augenblick festzustellen, wo der Stern durch den Meridian geht. Dies geschieht mit Hilfe des Meridiankreises, indem man ihn auf den Stern einstellt, wobei man infolge der täglichen Umdrehung des Himmels den Stern durch das Gesichtsfeld des Fernrohres wandern sieht. Im Gesichtsfeld des Fernrohres sind eine Reihe senkrechter Fäden angebracht (siehe „Hauptprobleme“ S. 9). Einer dieser Fäden, der Mittelfaden, stellt, wenn er sonst richtig angebracht ist, den Meridian vor. Wenn nun der Stern durch das Gesichtsfeld wandert, stellen wir auf die eine oder andere Art den Augenblick fest, wo der Stern den Mittelfaden passiert, und wissen dann, daß der Stern in diesem Augenblick durch den Meridian ging, d. h. wir haben die Rektaszension des Sternes bestimmt. Die anderen Fäden dienen zur Kontrolle und zur Erhöhung der Genauigkeit des Resultates: Man beobachtet auch die Zeitpunkte, wo der Stern die anderen Fäden passiert; da man deren Abstand vom Mittelfaden kennt, kann man daraus die Rektaszension des Sternes berechnen.

Abb. 10. Der Meridiankreis auf der Kopenhagener Sternwarte (*Pistor* und *Martins* 1859).

Die großen Kreise, die man auf dem Meridiankreis sieht, dienen dazu, die Deklination des Sternes zu messen, doch dies Problem soll uns im Folgenden nicht beschäftigen.

* * *

Es ist ersichtlich, daß das Wesentliche bei der Rektaszensionsbestimmung eines Sternes ist, die Zeitpunkte festzulegen, wo der Stern bestimmte Stellen im Gesichtsfeld passiert, die, wie gesagt, durch senkrechte Fäden bezeichnet sein können.

Bei der photoelektrischen Methode zur Bestimmung der Sternörter geschieht dies ganz automatisch.

Über die Methoden, die darauf beruhen, daß ein Beobachter die Wanderung der Sterne durch das Gesichtsfeld direkt verfolgt, ist in den „Hauptproblemen" S. 9—13 gesprochen worden.

Die älteste Methode, die sogenannte Auge- und Ohrmethode, beruht darauf, daß der Beobachter, während er die Sterne durch das Gesichtsfeld wandern sieht, auf das Ticken einer Pendeluhr hört, und auf die Weise die Sekunden für sich selbst zählt; er sieht den Stern einen Faden im Gesichtsfeld passieren, und während er die Sekunden für sich selbst zählt, kann er also beobachten, wieviel die Uhr war, als der Stern durch den Faden ging. Ein geübter Beobachter kann durch die Auge- und Ohrmethode die Zehntel der Sekunde schätzen.

Später führte man eine Methode ein, bei der es nicht notwendig war, daß der Beobachter die Sekunden für sich selbst zählt. Man vermied dies durch Einführung des Chronographen. Der Chronograph ist im Prinzip ein Telegraphenapparat, doch hat er an Stelle einer Feder zwei Federn. Die eine Feder steht in Verbindung mit der Beobachtungsuhr, sodaß sie jede Sekunde einen Knick auf dem Chronographenstreifen macht. Die andere Feder steht in Verbindung mit einem Taster, auf den der Beobachter in dem Augenblick drückt, wo er den Stern den Faden im Gesichtsfeld passieren sieht. Wenn der Beobachter auf den Taster drückt, macht die andere Feder also einen Knick auf dem Chronographenstreifen. Auf dem Streifen kann man nachher die Lage des Knickes im Verhältnis zu den Sekundenknicken ablesen, und dadurch den Zeitpunkt bestimmen, wo der Stern durch den Faden ging.

Außer diesen beiden Methoden hat man dann noch eine, die in der Benutzung des sogenannten Repsold-Mikrometers besteht. Ein einzelner senkrechter Faden wird genau auf den Stern eingestellt und von dem Beobachter mit Hilfe einer Schraube bewegt. Bei ganz bestimmten Stellungen der Schraube entsteht ein Stromschluß im Chronographen, so daß ein Knick auf dem Chronographenstreifen hervorgebracht wird. Ganz bestimmten Stellungen der Schraube entsprechen ganz bestimmte Stellen im Gesichtsfeld des Fernrohrs. Wenn wir also mit Hilfe der Schraube den Faden durch das Gesichtsfeld bewegen, wird jedesmal, wenn der Faden eine ganz bestimmte Stelle im Feld passiert, ein Knick auf dem Chronographenstreifen entstehen. Doch: Der Faden und der Stern koinzidieren die ganze Zeit, dafür sorgt der Beobachter, d. h. die Chronographenfeder macht Zeichen, indem der Stern ganz bestimmte Stellen im Gesichtsfeld passiert. Einer der Vorteile dieser Methode ist, daß der Beobachter den Stern ununterbrochen beobachtet, und nicht nur in dem Augenblick, wo er den Faden passiert.

Alle diese drei Methoden sind von dem Beobachter abhängig, also mit persönlichen Fehlern behaftet: die erste, die Ohr- und Augemethode am meisten, die letzte am wenigsten.

* * *

Um übersehen zu können, wie wichtig es ist, die äußerste Genauigkeit zu erreichen, muß man sich den eigentlichen Zweck der Beobachtungen klar machen. Das, was in erster

Linie wichtig ist, ist nicht, den Ort des Sternes selbst so genau zu bestimmen. In unseren Tagen ist es der wichtigste Zweck, das zu bestimmen, was man die Eigenbewegung der Sterne nennt. Wenn man die Rektaszension und Deklination eines Sternes Jahr für Jahr beobachtet, dann wird es sich zeigen, daß sie sich etwas verändern. Diese jährliche Veränderung nennt man die Eigenbewegung des Sternes.

Die Eigenbewegung ist eine sehr kleine Größe: Normal hat sie für hellere Sterne die Größenordnung $^1/_{500}$ der Zeitsekunde pro Jahr, obgleich sie in einzelnen Fällen bedeutend größer ist.

Die Eigenbewegungen der Sterne einigermaßen genau zu bestimmen, ist also eine schwierige Aufgabe, aber es ist eine sehr wichtige Aufgabe, indem die Kenntnis von der Konstitution und von den Bewegungsverhältnissen unseres Milchstraßensystems zu einem wesentlichen Teil von der Bestimmung der Eigenbewegungen der Sterne abhängt.

* * *

Es ist also wichtig, zu erkennen, wie genau es mit Hilfe der drei genannten Methoden gelungen ist, die Rektaszensionen der Sterne zu bestimmen. Dadurch, daß man viele Beobachtungen anstellt, kann man erreichen, daß die zufälligen Fehler in der Rektaszension sehr klein werden. Wesentlich ist es, wie groß die persönlichen Fehler sind, die durch psychische und physische Unvollkommenheiten des Beobachters entstehen. Diese persönlichen Fehler sind verschiedener Art. Zunächst können sie von der Lichtstärke des Sternes abhängig sein. Es hat sich gezeigt, daß viele Beobachter den Durchgang eines lichtstarken Sternes über einen Faden zu früh, und den Durchgang eines lichtschwachen Sternes zu spät beobachten. Dieser persönliche Fehler ist ziemlich groß: die Fehler in den Rektaszensionen können bis zu $0^s \cdot 1$ oder noch mehr betragen.

Ferner kann der persönliche Fehler sich im Laufe eines Beobachtungsabends ändern. Der Beobachter beobachtet zu Beginn des Beobachtungsabends die Durchgänge durch die Fäden zu spät; doch wird diese Verspätung kleiner und kleiner im Laufe des Abends. Die Fehler, die hierdurch in den Rektaszensionen entstehen, können bis zu $0^s \cdot 2$ betragen.

Endlich ist der persönliche Fehler von der Deklination des Sternes abhängig.

Wie schon gesagt, sind die persönlichen Fehler am kleinsten, wenn man *Repsolds* Mikrometer benutzt, um die Rektaszensionen zu beobachten. Aber auch hier sind die persönlichen Fehler ziemlich groß.

Nehmen wir nun zum Beispiel an, daß wir die Eigenbewegung eines Sternes in Rektaszension aus zwei Positionen bestimmen, die mit einer Zwischenzeit von 50 Jahren beobachtet sind, dann sehen wir, daß ein Fehler von $0^s \cdot 1$ in der einen Rektaszension das Resultat vollkommen fälschen wird: wenn die Größe der Eigenbewegung normal ist, dann wird der Fehler in der Eigenbewegung ungefähr ebenso groß sein wie die Eigenbewegung selbst.

Es zeigt sich also, daß die persönlichen Fehler so groß sind, daß das augenblicklich vorliegende Material in vielen Fällen zur Bestimmung der Eigenbewegung der Sterne unzureichend sein wird, und es würde daher zu wünschen sein, wenn man den Beobachter mit seinen physischen und psychischen Unvollkommenheiten ganz umgehen könnte. Und das ist es, was bei der photoelektrischen Methode zur Bestimmung der Örter der Sterne geschieht.

* * *

Das Prinzip der photoelektrischen Methode ist ganz schematisch das folgende: In der Brennebene des Fernrohres ist ein System von Lamellen angebracht. Wenn der Stern durch das Gesichtsfeld wandert, wird er hinter einer Lamelle verschwinden, wiedererscheinen, dann hinter der nächsten Lamelle verschwinden usw. Hinter den Lamellen ist eine lichtelektrische Zelle angebracht. In dem Augenblick, wo der Stern aus der Lamelle heraustritt, fällt sein Licht auf die Zelle, und wenn Licht auf eine lichtelektrische Zelle fällt, dann fließt durch sie ein elektrischer Strom. Wenn der Stern hinter der nächsten Lamelle verschwindet, fällt kein Licht auf die Zelle: Diese gibt keinen Strom ab, usw. Falls der Strom nun so stark wäre, daß er auf einen Telegraphenapparat einwirken könnte, dann hätten wir ja das erreicht, was wir wollten, nämlich automatisch ein Zeichen auf dem Chronographenstreifen hervorzubringen, wenn der Stern ganz bestimmte Stellen im Gesichtsfeld passiert.

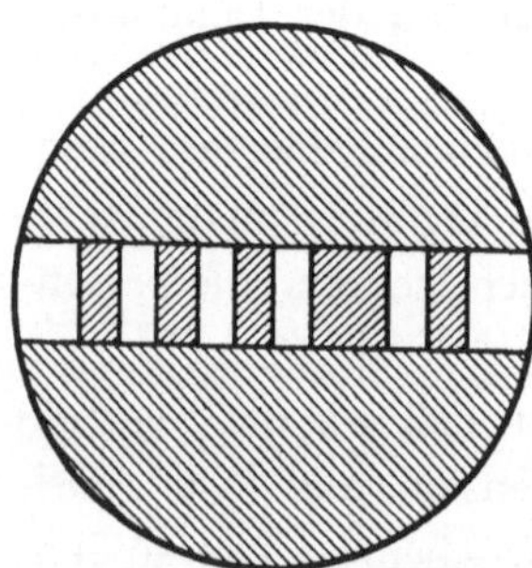

Abb. 11. Lamellen im Felde des Fernrohrs.

Nun ist indessen der Strom, den eine lichtelektrische Zelle abgibt, wenn sie durch das Licht des hellsten Sternes am Himmel beleuchtet wird, ungefähr 1 Millarde Mal zu klein, um auf einen Telegraphenapparat einzuwirken; und ein Stern, der so schwach leuchtet, daß er gerade mit dem bloßen Auge wahrgenommen werden kann, wird nur einen Strom geben, der 1000 Milliarden Mal zu klein ist. Das bedeutet also, daß wir den Strom verstärken müssen, der von der lichtelektrischen Zelle ausgeht, und darin liegt die Schwierigkeit des Problems.

Die wichtigsten Bestandteile der Aufstellung sind die lichtelektrische Zelle und der Verstärker.

Das Prinzip der benutzten lichtelektrischen Zelle ist ganz dasselbe wie bei den lichtelektrischen Zellen, die von den Apparaten zur Bildübertragung bekannt sind.

In einem kleinen Glaskörper ist eine Schicht Kalium angebracht, und diese Kaliumschicht sendet Elektronen aus, wenn sie beleuchtet wird. Diese Elektronen werden von einem kleinen Ring in dem Glaskörper aufgefangen, der eine positive Spannung hat und demzufolge die Elektronen anzieht. Der Glaskörper ist mit Argon gefüllt, das durch die Elektronen auf ihrem Weg vom Kalium zu dem positiv geladenen Ring ionisiert wird. Hierdurch wird der lichtelektrische Strom (Photostrom) sehr bedeutend erhöht.

Wie gesagt, hat der kleine Ring eine positive Spannung. Je größer diese Spannung ist, desto lichtempfindlicher ist die Zelle. Die Abhängigkeit der Empfindlichkeit von der Spannung sieht man auf der umstehenden Kurve abgebildet. Die Empfindlichkeit steigt sehr stark, wenn wir uns einer bestimmten Spannung nähern, hier etwa 284 Volt. Wenn wir bis zu dieser Spannung hinaufgehen, dann leuchtet die Zelle, indem eine Glimmentladung erfolgt, und im Laufe von ganz kurzer Zeit wird die Zelle dadurch verdorben. Um eine große Empfindlichkeit zu erlangen, muß man Spannungen gebrauchen, die sehr nahe bei der kritischen Spannung liegen, jedoch muß man dabei sehr vorsichtig vorgehen. Erhöht man die Spannung zu schnell, treten kleine Entladungen schon ein, ehe die kritische Spannung erreicht ist, und darum erhöht man die Spannung vorsichtig stufenweise, mit langen Pausen zwischen jeder Stufe, im Verlauf eines ganzen Tages. Die Zelle leidet indessen nicht dadurch, daß sie dauernd unter der Arbeitsspannung steht, und die schwierige Operation, die Spannung einzuschalten, braucht man nur einmal vorzunehmen.

Wenn man die lichtelektrische Zelle beleuchtet, gibt sie einen Strom ab, und dieser Strom ist genau proportional der Lichtenergie, die in die Zelle hineinkommt. Wenn man die Zelle mit einer konstanten Lichtquelle beleuchtet, wird der Strom indessen nicht gleich konstant sein: Zuerst nimmt er etwas ab, und es dauert eine kleine Weile, bevor er konstant wird. Man nimmt an, daß dies durch die Bildung einer elektrischen Doppelschicht in der Oberfläche des Kaliums verursacht wird. Ist jedoch der Zustand in der Zelle erst stabil geworden, dann ist der Strom sehr konstant, und der stabile Zustand in der Zelle besteht noch lange Zeit, nachdem man das Licht entfernt hat, weiter fort. Daher tut man gut daran, daß man, ehe man die Photozelle zu Beobachtungen benutzt, den stabilen Zustand dadurch herbeiführt, daß man die Zelle einige Zeit beleuchtet.

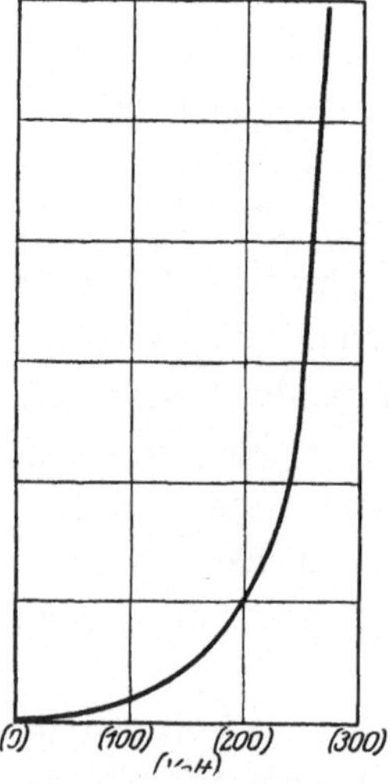

Abb. 12. Die Empfindlichkeit einer Photozelle in ihrer Abhängigkeit von der Spannung.

Eine wichtige Eigenschaft der Zelle besteht darin, daß sie beinahe trägheitslos arbeitet, d. h. der Photostrom erreicht bei der Beleuchtung seinen vollen Wert im Laufe einer außerordentlich kurzen Zeit, etwa einer millionstel Sekunde.

* * *

Das zweite wichtige Glied in der Anordnung war der Verstärker.

Als dieser Verstärker gebaut werden sollte, trat das Observatorium mit Herrn Ingenieur *Rahbek* in Verbindung, und nach seinen Erfahrungen mit einem Verstärker für das statische Mikrophon baute er einen Verstärker, der indessen noch nicht empfindlich genug war, daß Sterne damit registriert werden konnten. Doch gelang es dem Verfasser, auf dieser Grundlage einen empfindlicheren Verstärker zu erlangen, und mit diesem wurden die ersten Sterne registriert. Späterhin bewilligte der *H. C. Örsted*-Fond Mittel für den Bau dieses Verstärkers in einer definitiven Form.

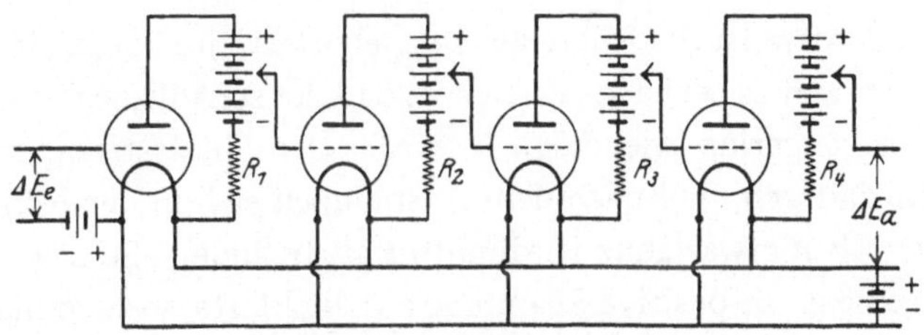

Abb. 13. Verstärkerschema.

Die prinzipielle Einrichtung ersieht man aus dem obenstehenden Schema. Der Photostrom wird über einen sehr großen Widerstand von 10 Milliarden Ohm geleitet. Daß man einen so großen Widerstand in Serienschaltung mit der lichtelektrischen Zelle anwenden kann, liegt daran, daß der innere Widerstand der lichtelektrischen Zelle ganz außerordentlich groß ist, der Größenordnung nach eine Billion Ohm, wenn die Zelle von einem so schwachen Licht wie dem eines Sternes beleuchtet wird. Hierdurch entsteht eine Spannung über den Widerstand, und diese soll nun weiter verstärkt werden mit Hilfe von Elektronenröhren. Wir wünschen also den großen Widerstand in den Gitterkreis der ersten Röhre des Verstärkers einzuschalten, wie es das

Schema zeigt. Um diese Anordnung benutzen zu können, müssen wir zwei Dinge verlangen: erstens muß das Gitter der Röhre sehr gut isoliert sein, der Isolationswiderstand muß über eine Billion Ohm sein; zweitens muß der Gitterstrom in der ersten Röhre, der ja auch über den Widerstand hinweggeleitet wird, außerordentlich klein sein.

Beides wurde durch Benutzung einer besonders konstruierten Röhre erreicht. Ihr Gitter ist oben für sich allein ausgeführt und durch ein Stück Bernstein und eine Glasplatte isoliert, die mit Chlorkalzium trockengehalten wird.

Außerdem ist die Röhre als Doppelgitterröhre konstruiert. Die Absicht dabei ist, zu erreichen, daß der schädliche Gitterstrom so gering wie möglich wird. Der Gitterstrom entsteht dadurch, daß nach dem Auspumpen sich in der Röhre trotz allem etwas ganz verdünnte Luft befindet. Setzt man nun eine große positive Spannung auf die Platte, so zieht man die Elektronen vom Glühfaden in der Röhre mit so großer Geschwindigkeit auf die Platte herüber, daß sie die verdünnte Luft zerschlagen, so daß sich positiv geladene Ionen bilden, die zum Gitter hinsuchen; hierdurch wird der Gitterstrom verursacht. Nun ist es klar, daß je größer die auf die Platte gesetzte Spannung ist, desto mehr positive Ionen sich bilden werden, und der Gitterstrom desto größer wird. Will man also einen geringen Gitterstrom erlangen, muß man eine kleine Anodenspannung benutzen, und gerade das ist bei einer Doppelgitterlampe möglich; sie kann z. B. mit 5 Volt auf der Anode arbeiten. Bei einer gewöhnlichen Röhre kann der Gitterstrom im allgemeinen nicht geringer als $^1/_{100}$ Mikroampère gemacht werden. Bei der benutzten Doppelgitterlampe ist der Gitterstrom unter normalen Verhältnissen 2000 mal kleiner, und unter besonderen Verhältnissen sogar 60000 mal kleiner, so daß der Gitterstrom bedeutend kleiner ist als ein Billionstel Ampère.

Es zeigt sich also, daß es möglich ist, einen so großen Widerstand wie 10 Milliarden Ohm im ersten Gitterkreis anzuwenden. Hierdurch erreichen wir, daß der ganz schwache Strom der lichtelektrischen Zelle ein Spannungsgefälle über den Widerstand hervorruft, das ungefähr ein Millivolt ist, das, wie wir später sehen werden, genügt, um ihn durch den Röhrenverstärker weiter zu verstärken. Das Prinzip des letzteren ersieht man aus dem Schaltbild (Abb. 14). Die Spannung, die verstärkt werden soll, setzt man auf das Gitter einer Röhre. Hierdurch wird der Anodenstrom der Röhre verändert, und wenn der Anodenstrom verändert wird, dann wird auch die Spannung über den Anodenwiderstand verändert. Setzen wir also die Spannung, die wir verstärken wollen, auf das Gitter, dann wird auch die Spannung über den Anodenwiderstand verändert, und nun ist diese Spannungsveränderung viele Male größer als die ursprüngliche, so daß wir unsere Spannung wirklich verstärkt haben. Jetzt gehen wir weiter und setzen die verstärkte Spannung auf das Gitter der nächsten Röhre. Nun bekommen wir eine noch weiter verstärkte Spannung im Anodenkreis dieser Röhre usw.

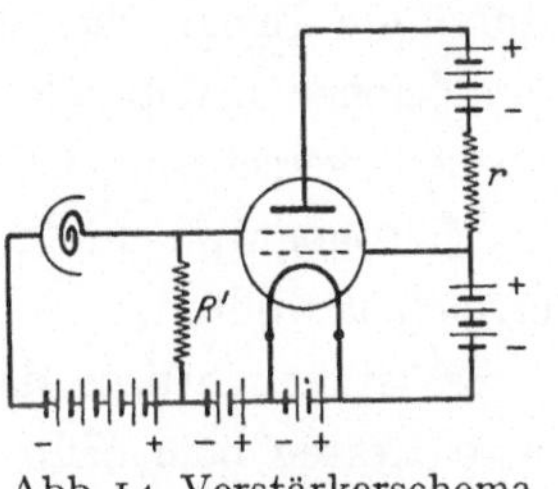

Abb. 14. Verstärkerschema. Die erste Lampe.

Mit den benutzten Röhren ist die Spannungsverstärkung pro Röhre ungefähr 20; mit 3 Röhren bekommt man also eine Spannungsverstärkung von 8000 mal. Nach den drei Spannungsverstärkerröhren kommt nun noch eine Röhre, deren Anodenstrom durch das Telegraphenrelais geht, das den Chronographen betätigt.

Wir können nun überblicken, was geschieht, wenn ein Stern das Gesichtsfeld des Fernrohres passiert. In dem Augenblick, wo der Stern aus der Lamelle heraustritt, beleuchtet er die lichtelektrische Zelle, die Zelle gibt einen ganz kleinen Strom ab, der über den großen Widerstand im Gitterkreis der ersten Lampe hinweggeleitet wird, wodurch eine Spannungsänderung auf dem Gitter hervorgerufen wird. Diese Spannungsänderung wird durch den Spannungsverstärker weiter verstärkt und wirkt, wenn er durch drei Stufen hinreichend verstärkt ist, auf eine Röhre, die dann Strom durch ein Telegraphenrelais sendet, so daß der Chronograph ein Zeichen macht. Jedesmal, wenn der Stern hinter einer Lamelle verschwindet oder wieder aus ihr heraustritt, macht der Chronograph ein Zeichen und gerade das war es, was wir erreichen wollten.

Es ist ersichtlich, daß der Verstärker an keiner Stelle Kapazitäten oder Selbstinduktionen enthält. Er ist lediglich widerstandsgekoppelt, und daraus folgt, daß er nicht daran gebunden ist, mit einer bestimmten Frequenz zu arbeiten, und gerade deshalb kann er hier benutzt werden, wo es sich um einen Verstärker zur Verstärkung von Gleichstrom handelt.

* * *

Man könnte vielleicht glauben, daß es möglich wäre, durch die bloße Benutzung einer beliebig großen Anzahl Röhren im Spannungsverstärker, jede noch so kleine Spannungsveränderung im Gitter der ersten Lampe so stark zu verstärken, daß der Chronograph ein Zeichen macht.

Das ist indessen nicht möglich, und der Grund dafür ist, daß der Verstärker ja ein Gleichstromverstärker ist und folglich auch alle kleinen Veränderungen verstärkt, die z. B. in den benutzten Batterien vor sich gehen.

Die Folge davon ist, daß in jedem Verstärker nach diesem Schema in dem Strom, den die letzte Röhre gibt, zufällige Stromvariationen vorkommen werden. Bei einer kleinen Verstärkung sind diese Variationen ganz klein. Doch, wenn man die Verstärkung dadurch vergrößert, daß man mehrere Röhren benutzt, dann nehmen auch die zufälligen Stromvariationen zu.

Und soll man eine Spannungsveränderung verstärken, dann muß man verlangen, daß der Strom, der dem verstärkten Photostrom entspricht, bedeutend größer ist, als die zufälligen Stromvariationen. Wir brauchen uns ja nur vorzustellen, wohin es führen würde, wenn wir so viele Röhren mitnähmen, daß die zufälligen Stromveränderungen so groß würden, daß sie den Chronographen beeinflussen könnten. Der Chronograph würde einen Knick nach dem anderen machen, und wir würden nicht imstande sein, zu sagen, welches von allen diesen Zeichen dem Hervortreten oder Verschwinden eines Sternes hinter einer Lamelle entspräche, ja, es könnte sogar vorkommen, daß der Knick, der durch den Stern verursacht wurde, an eine verkehrte Stelle käme, nämlich dann, wenn ungefähr gleichzeitig eine der zufälligen Stromvariationen einträte.

Man muß also verlangen, daß die Spannung, die man verstärken will, Ströme in der letzten Lampe erzeugt, die bedeutend größer sind, z. B. 10mal so groß als die zufälligen Stromvariationen. D. h., daß sich für jeden Verstärker nach diesem Prinzip ein Mindestwert für die Spannungen findet, die sich einwandfrei verstärken lassen. Dieser Mindestwert ist von den zufälligen Stromvariationen bei einer bestimmten Verstärkung abhängig. Der Mindestwert wird desto geringer sein, das heißt, desto günstiger, je stabiler der Verstärker selbst arbeitet.

Dies heißt, daß man versuchen muß, den Verstärker so stabil wie nur immer möglich zu machen, um so kleine Spannungsvariationen wie möglich über den Widerstand in der ersten Röhre verstärken zu können, d. h. um mit den kleinstmöglichen Strömen von der lichtelektrischen Zelle zu arbeiten. Mit anderen Worten, je stabiler der Verstärker ist, mit desto schwächeren Photoströmen kann man sich begnügen, und das bedeutet wiederum: Desto schwächere Sterne kann man mit der Aufstellung beobachten.

Es ist also ein wichtiges Problem, einen Verstärker zu bauen, der so stabil wie möglich ist. Um die Möglichkeiten in dieser Hinsicht übersehen zu können, ist es am besten, daß man untersucht, welches die Ursache der zufälligen Stromvariationen in einem Verstärker nach dem angegebenen Schema ist.

Wir stellen uns also vor, daß wir einen Verstärker bauen, genau nach dem Schema, ohne uns um besondere Vorsichtsmaßregeln zu bekümmern. Es zeigt sich, daß der Anodenstrom der letzten Röhre variiert, und nun wollen wir die Ursache finden.

Fürs erste werden wir entdecken, daß die Trockenelemente, die wir als Anodenbatterien benutzen, keine konstante Spannung haben. Wir ersetzen sie nun durch kleine Akkumulatoren, und erreichen dadurch eine wesentliche Verbesserung.

Nun untersuchen wir mit Hilfe einer Methode, auf die ich nicht näher eingehen werde, inwieweit der Heizstrom der Röhren konstant ist. Es zeigt sich, daß kleine Variationen im Heizstrom vorhanden sind, die wir nicht vermeiden können. Doch können wir versuchen, ihre Wirkung aufzuheben. Das machen wir auf die Weise, daß wir denselben Akkumulator anwenden, um eine Röhre zu heizen und um ihr Gitter negativ zu machen. Tun wir das mit Hilfe eines passend gewählten Widerstandes, dann können wir erreichen, daß der Anodenstrom konstant bleibt, selbst wenn der Heizstrom etwas variiert. Wir nehmen an, daß der Heizstrom etwas größer wird, d. h. daß der Glühfaden eigentlich etwas mehr Elektronen aussenden sollte; gleichzeitig wird indessen das Gitter mehr negativ und hindert auf die Weise den Anodenstrom daran, größer zu werden. Wir können mit anderen Worten die Verhältnisse so gegeneinander abpassen, daß kleine Variationen im Heizstrom keinen Einfluß bekommen können.

Selbst wenn wir so den Verstärker verbessert haben, bleiben doch noch große zufällige Stromvariationen zurück. Es zeigt sich, daß sie besonders dann auftreten, wenn man z. B. auf den Tisch drückt, worauf der Verstärker aufgestellt ist. Diese Art Variationen werden durch Kriechströme verursacht, d. h. Ströme in der Oberfläche der benutzten Isolatoren. Diese Kriechströme sind von den äußeren Verhältnissen stark abhängig, und werden sich gerade darum stark verändern, wenn man z. B., wie wir es taten, auf den Tisch des Aufbaues drückt. Man vermeidet diese Kriechströme dadurch, daß man kleine Metallringe quer über die Isolatoren legt und diese Metallringe mit einer Erdleitung verbindet.

Ferner ist es von Wichtigkeit, welche Röhren man benutzt. Hier kann man natürlicherweise nur durch Probieren weiterkommen.

Wenn man dann noch dazu Sorge dafür trägt, den ganzen Verstärker in Metall einzubauen, um ihn gegen äußere elektrische und magnetische Felder zu schützen, dann zeigt es sich, daß man durch die genannten Verbesserungen eine bedeutend größere Stabilität erhalten hat: Die zufälligen Stromvariationen sind ungefähr 100 mal kleiner geworden.

Mit diesem verbesserten Verstärker, in Verbindung mit dem übrigen Aufbau, ist es möglich, die Durchgänge von Sternen zu registrieren, die bedeutend schwächer sind, als die schwächsten, für das bloße Auge sichtbaren.

Es muß indessen noch ein Problem behandelt werden: Nämlich, ob nicht eine Verzögerung des Signals auf dem Weg durch den Aufbau eintritt.

Wir wissen, daß in der lichtelektrischen Zelle keine nennenswerten Verspätungen eintreten; die lichtelektrische Zelle arbeitet ja, wie schon gesagt, so gut wie trägheitslos. Auch im Spannungsverstärker treten keine nennenswerten Verzögerungen ein; es handelt sich höchstens um das Hunderttausendstel einer Sekunde. Doch im Aufbau ist eine Stelle, die nicht ganz trägheitslos wirkt, wo also eine Verzögerung eintreten kann; das ist dort, wo der Photostrom das Gitter der ersten Röhre über den großen Gitterwiderstand auflädt. Dabei wird die Kapazität des Gitters über einen großen Widerstand aufgeladen. Das geht mit einer gewissen Trägheit vor sich, die um so größer ist, je größer die Kapazität des Gitters, und um so größer, je größer der Gitterwiderstand ist. Bei diesem Aufbau, wo der Gitterwiderstand 10 Milliarden Ohm ist, ist die Verzögerung von der Größenordnung $0{,}^{s}1$.

Und $0{,}^{s}1$ ist in diesem Zusammenhang eine sehr große Verzögerung; doch geht man näher auf die Verhältnisse ein, dann zeigt es sich, daß sie keinen schädigenden Fehler in die beobachteten Zeiten einführen kann.

Es zeigt sich nämlich, daß die Verzögerung nahezu konstant für alle Sterne ist, und daß sie in jedem einzelnen Fall sehr genau berechnet werden kann.

Die Verzögerung hängt, wie schon gesagt, von der Kapazität des Gitters und dem Widerstand des Gitters ab, oder genauer bestimmt, vom Produkt dieser beiden Größen. Versuche haben nun ergeben, daß dies Produkt sich im Laufe der Zeit sehr konstant hält. Und außerdem kann dies Produkt durch eine einfache Anordnung, so oft man es wünscht, bestimmt werden.

Die Verzögerung hängt indessen von noch einem Faktor ab, und der Grund dazu ist folgender.

Das Bild eines Sternes in einem Fernrohr, so, wie es durch das Gesichtsfeld eines Fernrohres wandert und die Lamellen passiert, ist nicht ganz punktförmig, sondern sieht wie eine kleine Scheibe aus.

Der Ursachen hierzu sind viele. Der Winkeldurchmesser des Sternes ist so überaus klein, daß er hier nicht in Betracht kommt. Doch selbst eine ideale Linse bildet ja ein punktförmiges Objekt nicht punktförmig ab. Das Bild sieht wie eine von Ringen umgebene Scheibe aus. Diese Ringe sind indessen so lichtschwach, daß lediglich die Scheibe eine Rolle spielt. Die Größe der Scheibe ist abhängig von der Größe des Objektivs und ist ungefähr 2 Bogensekunden bei dem benutzten Meridiankreis. Außerdem spielen die Fehler des Objektivs mit hinein, und ferner wird die Scheibe etwas größer wegen der Streuung des Lichtes in der Atmosphäre.

Das bedeutet also, daß die Photozelle nicht plötzlich in dem Augenblick, wo der Stern aus der Lamelle hervorkommt, Strom gibt. Der Strom steigt im Laufe einer gewissen kurzen Zeit, entsprechend dem Durchmesser der Scheibe, nach der einen oder anderen Kurve. Das Aussehen dieser Kurve ist zu einem gewissen Grad für die Größe der Verzögerung bestimmend, doch ist die Abhängigkeit nicht groß: Es handelt sich um Größen unter einer hundertstel Sekunde, und kennen wir das Aussehen der Kurve für nur einen Stern, dann können wir die Verzögerung in allen Fällen genau berechnen.

Um zu umgehen, daß die Verzögerung mit der Lichtstärke des Sterns variiert, verändert man die Größe der Verstärkung, auf die Weise, daß man eine kleinere Verstärkung für einen lichtstarken Stern anwendet. Diese Einstellung des Grades der Verstärkung braucht nur ganz grob zu sein: mit einer Unsicherheit von ca 50%. Zusammenfassend können wir sagen, daß wir in jedem Falle für jeden Stern mit der Genauigkeit von ungefähr einer zehntausendstel Sekunde die Verzögerung angeben können.

* * *

Das Resultat ist also folgendes.

Wir können die Durchgänge der Sterne automatisch auf einem Chronographen registrieren und dadurch die Rektaszension für Sterne bestimmen, wenn sie größere Lichtstärke als eine gewisse Grenzlichtstärke haben, die bedeutend unter dem liegt, was man mit dem bloßen Auge sehen kann. Und die Registrierung geht vor sich, ohne daß die Verzögerung im Apparat störend einwirkt, indem diese Verzögerung genau berechnet werden kann.

* * *

Der jetzige Apparat ist aufgestellt und wird benutzt in Verbindung mit einem Meridiankreis; es liegt kein Hinderungsgrund vor, um ihn in Verbindung mit einem äquatorial aufgestellten Refraktor zu benutzen. Während man bei dem Meridiankreis auf die Höhe jedes einzelnen Sternes einstellt, würde man bei einem solchen Refraktor eine andere Methode anwenden. Indem äquatorial aufgestellte Refraktoren im allgemeinen größere Linsen als Meridiankreise haben, kann man mit ihnen schwächere Sterne registrieren. D. h. man kann im Laufe eines Beobachtungsabends weit mehr Sterne beobachten, so viele, daß man es nicht nötig hat, das Fernrohr auf jeden einzelnen einzustellen.

Bei einer bestimmten Einstellung werden nämlich so viele Sterne, die genügend lichtstark sind, um registriert zu werden, durch das Gesichtsfeld gehen, daß die Arbeitsgeschwindigkeit hinreichend wird: 1 Stern pro Minute, ohne daß man die Einstellung zu verändern braucht.

Das bedeutet, daß man den Apparat sich selbst überlassen könnte — die Regulierungen, die es notwendig ist, hin und wieder auf der Arbeitsspannung vorzunehmen, können leicht automatisch ausgeführt werden.

Jeder Stern würde seinen Durchgang dann automatisch registrieren und man könnte am nächsten Tage seine Rektaszension auf dem Chronographenstreifen ablesen.

* * *

Noch etwas wollen wir besprechen, die Möglichkeit nämlich, mit diesem Aufbau bei Tageslicht Beobachtungen anzustellen.

Das ist ein Versuch, der noch nicht gemacht ist, da es sich um einen Versuch handelt, der ein Risiko für die lichtelektrische Zelle mit sich bringt. Doch soviel kann mit Sicherheit gesagt werden: Es wird auf jeden Fall möglich sein, was die helleren Sterne anbelangt.

Diese Möglichkeit beruht darauf, daß, wie gesagt, die Zelle im Bereich weiter Grenzen einen Photostrom abgibt, der der Lichtenergie, die auf die Zelle fällt, proportional ist. D. h.: Veränderungen im Photostrom, die der Veränderung von 1 Kerze in unserer Lichtquelle entsprechen, sind gleich groß, einerlei, ob viel oder wenig Licht im Voraus auf die Zelle fällt: Die Veränderung im Photostrom ist die gleiche, einerlei, ob die Lichtquelle von 10 auf 11 Kerzen verändert wird, oder von 50 auf 51, oder von 100 auf 101 Kerzen. D. h. mit anderen Worten, daß der Photostrom sich gleich viel verändert, wenn ein Stern aus einer Lamelle hervorkommt, einerlei, ob im Voraus kein Licht auf die Zelle fällt, oder ob im Voraus Tageslicht darauf fällt. D. h. daß das, was geschieht, wenn der Stern aus der Lamelle hervortritt, genau derselbe Vorgang ist, einerlei, ob wir ihn am Tage oder bei Nacht beobachten.

* * *

Indessen gibt es hier einen Punkt, den man berücksichtigen muß: Wie schon besprochen, kann man nicht höher als bis zu einer gewissen Spannung auf dem Anodenring hinaufgehen (der kritischen Spannung). Jetzt hat die lichtelektrische Zelle die Eigenschaft, daß die kritische Spannung fällt, wenn die Zelle zu starkem Licht ausgesetzt wird. D. h., daß man bei Tageslicht die Anodenspannung etwas herabsetzen muß und man dabei etwas an Empfindlichkeit verliert; doch man darf damit rechnen, daß der Aufbau trotzdem empfindlich genug sein wird, um die helleren Sterne zu registrieren.

* * *

Wir haben gesehen, das der wichtigste Zweck bei der Bestimmung der Sternörter die Bestimmung ihrer Eigenbewegung ist.

Wir sahen, daß die Eigenbewegung pro Jahr eine sehr kleine Größe war. Um diese mit angemessener Genauigkeit zu bestimmen, muß man zwei genaue Örter haben, deren Beobachtungszeiten eine Reihe von Jahren auseinander liegen. Und je genauer die Beobachtungen sind, desto kürzer können die Zwischenzeiten zwischen den Beobachtungen sein, desto schneller erhalten wir also Bescheid über die Eigenbewegung eines Sternes.

Der nun verstorbene, berühmte holländische Astronom *Kapteyn* hat die Genauigkeit bestimmt, mit der wir die Eigenbewegungen kennen müssen, um zuverlässige Schlüsse über den Bau unseres Milchstraßensystems ziehen zu können. Benutzt man seine Werte, dann kommt man durch eine einfache Berechnung zu dem Resultat, daß mit einer Genauigkeit von 0″,1 ungefähr 20 Jahre verlaufen müssen, ehe wir hinreichend genaue Eigenbewegungen erhalten können. Eine Genauigkeit von 1″ verlangt 200 Jahre Zwischenzeit und eine Genauigkeit von $^1/_2$ Bogenminute (die Genauigkeit, die *Tycho Brahe* erreichen konnte) eine solche von 6000 Jahren.

Man könnte sich fragen, warum man eigentlich so großen Wert darauf legt, genaue Ortsbestimmungen zu erlangen — es ist ja nicht notwendig um der Eigenbewegungen willen: Die erhält man ja schließlich doch, wenn man nur die genügende Anzahl Jahre wartet. Selbst wenn man die Sache nicht auf die Spitze treibt und sagt: Wir beobachten mit *Tycho Brahes* Instrumenten und warten 6000 Jahre, um die Eigenbewegungen zu bestimmen, so könnte man vielleicht doch meinen, daß man sich nicht so große Anstrengungen zu machen brauchte, um die alleräußerste Genauigkeit zu erreichen, wenn sie doch bereits in hundert Jahren überflüssig ist.

Hierzu ist zu sagen, daß die meisten doch wohl zu neugierig sind, um sich damit zufrieden zu geben, daß eine Sache erst in hundert Jahren aufgeklärt wird. Und außerdem: Hat man die Eigenbewegung hinreichend genau bestimmt, dann entsteht ein neues Problem. Indem wir die Eigenbewegungen der Sterne bestimmen, gehen wir davon aus, daß sie sich geradlinig mit gleichmäßiger Geschwindigkeit bewegen. Indessen können wir sicher sein, daß sie es in Wirklichkeit nicht tun: Im Gegenteil, sie bewegen sich in krummen Bahnen unter dem Einfluß aller übrigen Sterne in unserem Milchstraßensystem. Nur sind die Teile der

Bahnen, die wir kennen, so ungeheuer klein, daß wir bei der Genauigkeit, mit der wir sie zur Zeit bestimmen können, sie nur als Geraden ansehen können. Wenn aber so viele Jahre vergangen sind, daß wir die Eigenbewegungen genau kennen, dann werden wir uns daran begeben, die Krümmung der Bahnen zu untersuchen, und dann müssen wir wieder die größte Genauigkeit anwenden. Und sind so viele Jahre vergangen, daß auch zur Bestimmung der Krümmungen die größte Genauigkeit nicht mehr angewendet zu werden braucht, dann wollen wir die Veränderungen der Krümmung längs der Bahn untersuchen, und haben wiederum die größte Genauigkeit nötig. Und so findet sich in absehbarer Zukunft keine Grenze für die Anforderungen, die der Astronom an die Genauigkeit der Beobachtungsmethoden stellen wird.

V. Vom Gnomon zum Meridiankreis.

Ein „Faber“ Nr. 2 als astronomisches Meßinstrument.

Die feinste Uhr des Astronomen geht im allgemeinen um einige Stunden verkehrt. Doch weiß er natürlicherweise, wie groß der Fehler ist, und daß er die Uhr nicht richtig stellt, ist auf praktische Gründe zurückzuführen: sie befindet sich bei dieser Behandlung am besten.

Der Astronom kennt den Fehler, er kennt ihn sehr genau — bis auf einige Hundertstel der Sekunde — er verfolgt ihn Tag für Tag mit Hilfe von astronomischen Beobachtungen.

Sei es, daß er diese Beobachtungen selber vornimmt, oder daß er durch Radio die Resultate von anderen Sternwarten erhält, so hängt seine Kenntnis vom Stand der Beobachtungsuhr, wie man es nennt, schließlich immer von Beobachtungen mit einem im Meridian aufgestellten astronomischen Fernrohr ab, entweder einem Meridiankreis, oder auch demjenigen Instrument von einer etwas einfacheren Konstruktion, das Passageninstrument genannt wird.

Über den Meridiankreis haben wir ausführlich in dem vorhergehenden Kapitel gesprochen. Er besteht aus zwei Pfeilern, auf denen eine ostwestlich orientierte Achse ruht, die in zwei sehr genauen Lagern gedreht werden kann. Rechtwinkelig zu dieser Achse ist das Fernrohr angebracht, mit einem genau eingeteilten Kreis (oder zwei solchen). Im Inneren des Fernrohres, in der Brennebene des Objektivs, ein Fadenkreuz. Und dann die Hilfsapparate: eine fest aufgestellte, genau gehende Pendeluhr, eine elektrische Leitung mit einem Taster, ein Chronograph, der die Signale aufzeichnet — von der Uhr und vom Beobachter — und dann zuletzt ein Nivellierinstrument (Libelle) zur Bestimmung der Neigung der Achse des Fernrohres gegen den Horizont, gar nicht zu reden von dem *Repsold*schen Mikrometer. Wir sehen hier vollständig ab von dem lichtelektrischen Aufbau, von dem wir in dem vorhergehenden Kapitel gesprochen haben.

Wie man nun mit diesem Instrument entweder die Rektaszensionen der Sterne oder mit Hilfe von bekannten Sternrektaszensionen die Zeit bestimmt, d. h. den Stand einer Uhr, wissen wir aus dem Vorhergehenden. Und wir wissen ebenfalls, mit welcher außerordentlich großen Genauigkeit diese Bestimmungen ausgeführt werden können. Aber wie war es in alten Tagen, als man weder Fernrohre mit Fadenkreuz, noch fein eingeteilte Kreise, elektrische Leitungen, Chronographen, Libellen oder *Repsold*mikrometer hatte? Wie sahen die Instrumente aus, mit denen man damals die Zeit und die Stellung der Himmelskörper am Himmelsgewölbe bestimmte?

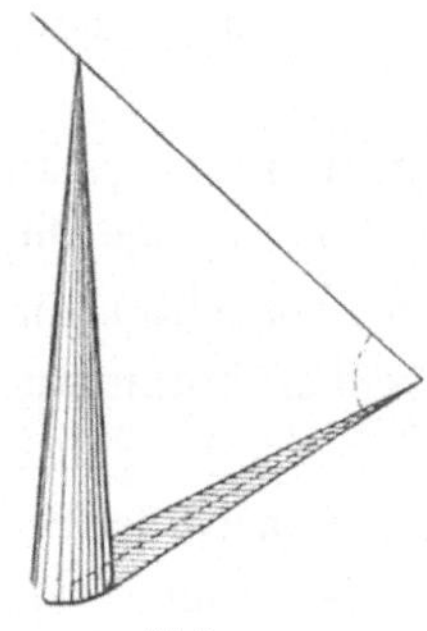

Abb. 15.
Der Gnomon.

* * *

Das Instrument, das wohl als das älteste Meßinstrument im Bereich der Astronomie betrachtet werden muß, sah aus, wie Abb. 15 zeigt.

Was soll das heißen? Ja, eine horizontale Ebene, worauf eine senkrechte Stange aufgestellt ist. Ursprünglich wohl ein Baum oder ein Turm, später eine Stange, die besonders zu dem Zweck errichtet wurde, um für astronomische

Messungen benutzt zu werden. Man will z. B. die „Höhe" der Sonne über dem Horizont beobachten. Man mißt die Höhe der Stange und die Länge des Schattens, den die Stange wirft; eine einfache trigonometrische Berechnung gibt uns dann gerade den Winkel (rechts in der Abb.), den man die Höhe der Sonne nennt.

Der Apparat wird ein Gnomon genannt, und die Höhe der Sonne über dem Horizont zu verschiedenen Zeitpunkten ist einer der wichtigsten von allen astronomischen Begriffen.

Wie kann man feststellen, ob das Fundament horizontal ist? Indem man es zuerst so eben wie nur möglich macht und danach Wasser darauf gießt: Wenn das Wasser gleichmäßig nach allen Seiten ausfließt, dann haben wir die horizontale Ebene. Dies ist die erste Libelle. Und wie bringen wir die Stange in eine senkrechte Stellung? Mit Hilfe eines Lotes, welches wir an einer Schnur, seitlich vom Apparat, aufhängen.

Man kann also die Höhe der Sonne über dem Horizont messen, und damit sind wir in Wirklichkeit imstande, eine unglaubliche Menge von Dingen zu bestimmen, von den Himmelsrichtungen an bis zu verschiedenen der wichtigsten astronomischen Konstanten.

Am Morgen ist der Schatten, den die Sonne wirft, lang; danach nimmt er stetig ab, bis man die Sonne genau im Süden sieht („wahrer Mittag"), wo ihr Stand am Himmel am höchsten, und der Schatten also am kürzesten ist. Wenn wir nun feststellen wollen, wo der Meridian ist, d. h. wenn wir wissen wollen, wo wir die Richtung Süd-Nord haben, dann geschieht das nicht dadurch — wie man vielleicht zuerst glauben könnte (und was viele Verfasser von Schullehrbüchern zu glauben scheinen) — daß man versucht, den Augenblick festzustellen, wo der Schatten der Sonne am kürzesten ist. Gerade weil die Sonne, wenn sie in der Meridiannähe ist, ihre Höhe nur in einem geringen Grad verändert, ist es schwierig, genau zu bestimmen, in welcher Stellung der Schatten am kürzesten ist. Man fängt es daher auf eine andere Weise an. Um den Fußpunkt des Gnomons zeichnet man auf das Fundament einige Kreise mit verschiedenen Radien. Stellen wir nun auf einem dieser Kreise den Punkt auf der Westseite fest, wo die Spitze des Schattens der Sonne am Vormittag, am besten einige Stunden vor Mittag, diesen Kreis genau trifft, und stellen wir später am Nachmittag den Punkt auf der Ostseite fest, wo die Spitze des Schattens der Sonne denselben Kreis wieder trifft, dann ist es klar, daß der Meridian durch die Gerade auf dem Fundament gekennzeichnet wird, die durch den Fußpunkt des Gnomons und genau in der Mitte der beiden genannten Punkte auf demselben Kreise geht.

Wir haben also nun die Mittagslinie, d. h. die Lage der Nord-Südrichtung, bestimmt. Doch dabei haben wir noch Verschiedenes mehr erreicht: Solange der Gnomon und das Fundament unverändert in derselben Stellung erhalten bleiben, können wir morgen, übermorgen, jeden Tag den Augenblick bestimmen, wo der Schatten der Sonne in der Richtung des Meridians liegt, d. h. den Augenblick, wo wir „wahren Mittag" haben. Und wenn wir das können, dann verstehen wir, daß wir auch aus der Richtung des Schattens in seinem Verhältnis zum Meridian in jedem Augenblick die Zeit ablesen können, sowohl vor wie nach Mittag, wenn nur die Sonne scheint. Wir haben mit anderen Worten eine Sonnenuhr konstruiert.

Doch dies ist nur ein einfacher Anfang. Wir können mit dem Gnomon ganz andere Resultate erreichen, die, astronomisch betrachtet, eine wesentlich allgemeinere Bedeutung haben.

Erstens: Wir können mit demselben einfachen Hilfsmittel die Polhöhe des Ortes bestimmen, wo wir uns auf der Erde befinden.

Wir stellen uns auf Abb. 16 den Meridian, von Westen aus gesehen, vor. Wir haben die Mittagslinie N-S (Nord-Süd), die Vertikale Z-Na (Zenit-Nadir), die Erdachse P-P′ und den Himmelsäquator E-E′. Wenn wir die Polhöhe des Ortes mit φ bezeichnen, dann gelangen wir zu dem Ergebnis, daß jeder zweite Winkel am Zentrum (am Beobachter) gleich φ und jeder zweite gleich $90° - \varphi$ ist.

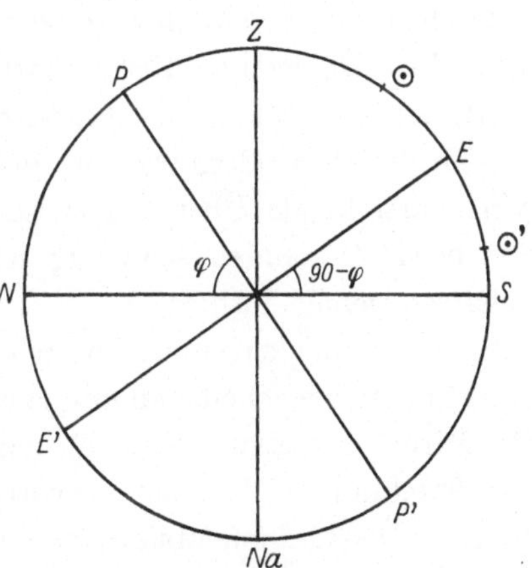

Abb. 16. Der Meridian, von außen (von Westen) gesehen.

Ich stelle mir nun vor, daß wir mit dem Gnomon die „Höhe" der Sonne über dem Horizont im wahren Mittag gemessen haben zu den beiden Zeitpunkten des Jahres, wo sie am höchsten (um den 21. Juni) und am niedrigsten (um den 21. Dezember) steht, d. h. ich habe die Bogen $S\odot$ und $S\odot'$ gemessen.

Nehmen wir das Mittel dieser beiden Bogen, erhalten wir den Bogen S-E, der ja gleich $90° - \varphi$ ist; ich habe also die Polhöhe bestimmt. Und ferner: Der halbe Unterschied zwischen $S\odot$ und $S\odot'$ auf Abb. 16 ist ja gleich $E\odot$ oder $E\odot'$, welche beiden Werte den größten Winkelabstand der Sonne vom (über und unter) Äquator bedeuten. Doch diese beiden Winkel sind nichts anderes als die wichtige astronomische Konstante, die die Schiefe der Ekliptik genannt wird, d. h. der Winkel zwischen dem Äquator und der scheinbaren Bahn der Sonne am Himmel im Laufe des Jahres. Wir haben also mit Hilfe unserer Stange die Polhöhe (die geographische Breite) des Beobachtungsortes und die Schiefe der Ekliptik bestimmt!

* * *

Doch hatte der Gnomon in seiner alten Form einen wesentlichen Übelstand: Der Schatten, den dieser Apparat wirft, ist niemals scharf begrenzt. Da die Sonne nicht wie ein Punkt, sondern wie eine ausgedehnte Fläche gesehen wird, entsteht ein Übergang zwischen Licht und Schatten, der bewirkt, daß es schwierig ist, festzustellen, wo der Schatten genau aufhört.

Hier hilft man sich indessen leicht: Oben auf dem Gnomon bringt man eine Scheibe an mit einem kleinen, feinen Loch in der Mitte (das erste „Visier"), das ein kleines elliptisches Sonnenbild auf der Unterlage hervorbringt, und es ist leicht, das Zentrum dieses Sonnenbildes ziemlich genau zu bestimmen.

Hiervon ausgehend, können wir der Entwicklungsgeschichte des Gnomons auf zwei ganz verschiedenen Wegen folgen. Auf dem ersten Wege wird der Gnomon nach und nach prinzipiell verändert und wird zuletzt zu ganz neuen Instrumenten; auf dem zweiten Wege entwickelt sich der Gnomon hauptsächlich nur so, daß die Dimensionen größer werden und die Meßgenauigkeit dadurch — bis zu einer gewissen Grenze — ebenfalls.

Wir wollen der zuletztgenannten Entwicklungsrichtung zuerst folgen: Die Dimensionen des Gnomons werden größer und größer.

Unter Kaiser Augustus wurde Sesostris' Obelisk nach Rom gebracht. Er war 117 Fuß hoch; er wurde auf dem Marsfelde aufgestellt und, nachdem die Mittagslinie bestimmt war, als Uhr benutzt.

Doch nach und nach sah man ein, daß die Stange oder der Baum, oder der Turm ja überhaupt nicht notwendig waren. Das, worauf es ankam, war das Visierloch. Deshalb konnte man dies Loch ja ebensogut an jeder beliebigen Stelle anbringen. Man bohrte ein Loch in die Decke eines hohen Gebäudes und maß den Abstand von dem Punkt des Fußbodens, der genau unter dem Zentrum des Loches lag, bis zu dem Mittelpunkt des kleinen Sonnenbildes — da haben wir ja das, was der Länge des Gnomonschattens entspricht. Auf diese Weise richtete man z. B. im Jahre 1467 in der Domkirche von Florenz einen Gnomon ein, indem man ein Loch in die Decke bohrte, in einer Höhe von 277 Fuß über dem Boden.

Einen ähnlichen Gnomon schaffte man im Jahre 1786 in der Domkirche von Mailand an (einen der letzten).

Die Absicht dieser riesenhaften Dimensionen, die der Gnomon zuletzt annahm, ist leicht verständlich: Da die lineare Meßgenauigkeit ungefähr die gleiche war, mußten die in Winkelmaß umgerechneten Resultate ja um so genauer werden. Bis zu einer gewissen Grenze war dies wohl nun auch richtig, doch es kam ein neues Moment hinzu: Die gewaltigen Bauwerke, in denen die Entwicklungsgeschichte des Gnomons zuletzt ihren Abschluß fand, waren Temperaturschwingungen und anderen Einflüssen ausgesetzt, so daß die erhöhte Meßgenauigkeit zuletzt nur einen illusorischen Wert hatte Diese Erfahrung mußte *Piazzi* machen, als er gegen Schluß des 18. Jahrhunderts (durch andere Methoden) eine Sternparallaxe zu finden glaubte durch eine jährliche Veränderung in der Stellung des Polarsterns, in seinem Observatorium in Palermo gemessen (einem Turm, der von einem alten arabischen Emir gebaut war). Es war nicht der Polarstern, der sich im Laufe der Jahre bewegt hatte, sondern der Turm selbst!

* * *

Dies war in kurzen Zügen die Entwicklungslinie, der der Gnomon, seit er eine kleine Stange war, durch größere und immer größer werdende Dimensionen folgte, bis er wieder einschrumpfte und zuletzt in einem Loch in den Decken einiger italienischer Domkirchen verschwand.

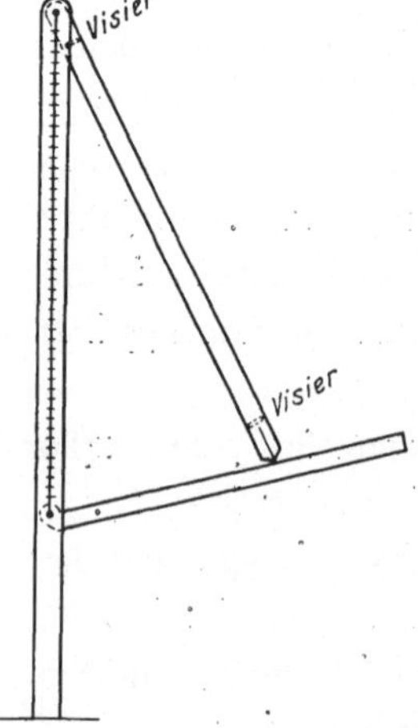

Abb. 17. Parallaktisches Lineal.

Doch verzweigt sich die Entwicklungsgeschichte des Gnomons auch noch in einer ganz anderen Richtung.

Wir sehen auf Abb. 17 ein Instrument, das den Namen parallaktisches Lineal erhalten hat; die senkrechte Stange ist ein fest aufgestellter Gnomon, die beiden anderen sind beweglich, die eine, wie wir sehen, mit zwei Visieren versehen. Jetzt sind wir nicht darauf angewiesen, den Schatten zu messen; jetzt blicken wir auf einen Stern durch zwei kleine Löcher. Die mit Visier versehene Stange kann um einen Punkt oben auf dem Gnomon herumgedreht werden, und an der unteren beweglichen Stange entlanggleiten.

Doch auch dies Instrument hat einen wesentlichen Fehler; geradeso wie beim Gnomon muß man sich auch hier die beobachtete Höhe, auf der Grundlage von Messungen an der unteren Stange, errechnen. Aber aus dem parallaktischen Lineal und ähnlichen Apparaten entsteht nach und nach der Quadrant, wo man mit Hilfe eines Visiers auf einen Stern einstellt und ohne irgendwelches Rechnen den Winkel direkt vom Kreisbogen abliest (Abb. 18).

Dann kommt das Fernrohr in die Astronomie, und auf Abb. 19 sehen wir ein Instrument, einen sogenannten Mauerquadranten, mit dessen Hilfe wir mit Fernrohr und eingeteiltem Kreisbogen den Höhenunterschied über dem Horizont ablesen; im Meridian ist das nichts anderes wie der Deklinationsunterschied.

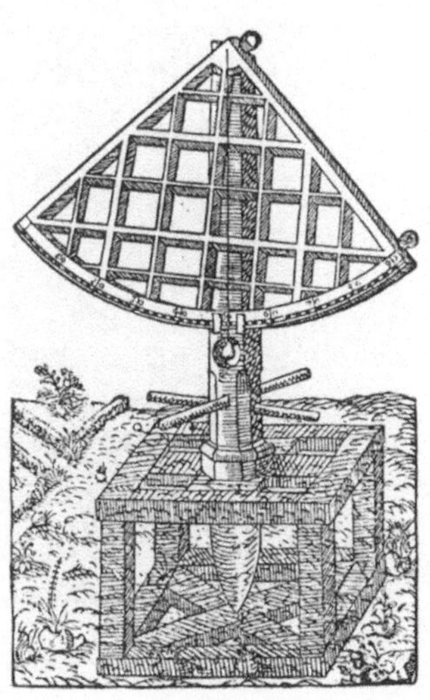

Abb. 18. Quadrant (Tycho Brahe).

Doch wie nahm man die Beobachtung von Rektaszensionen vor? Das war eine ziemlich komplizierte Geschichte in alten Tagen. Uhren hatte man nicht, auf jeden Fall keine brauchbaren, und daher war es notwendig, auf eine ganz andere Art zu arbeiten, als die, die wir vom Meridiankreis kennen.

Wir denken uns (Abb. 20) drei Sterne am Himmel, zwei bekannte (*a* und *a'*) und einen unbekannten (*b*).

Kann ich mit Hilfe von Instrumenten sowohl den Bogen *a b* wie den Bogen *a' b* messen, dann ist es klar, daß ich die Stellung des unbekannten Sternes am Himmel bestimmt habe. Habe ich nur den Bogen zwischen dem unbekannten Stern und einem bekannten gemessen, dann kann ich diese Messung mit Höhenmessungen kombinieren, und dabei den Unterschied zwischen den beiden Sternen in zwei verschiedenen Richtungen finden, und damit habe ich auch das Ziel erreicht: Die

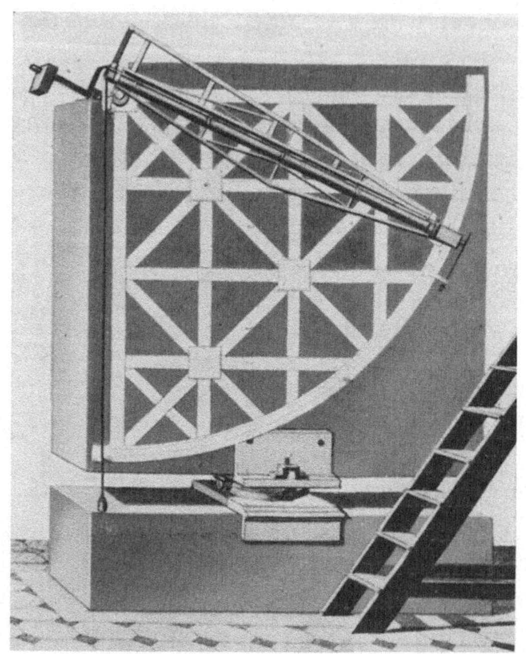

Abb. 19. Mauerquadrant mit Fernrohr.

Stellung des unbekannten Sternes zu bestimmen. Messungen von Bögen zwischen zwei Sternen wurden mit Hilfe von Instrumenten, die Sextanten (nicht zu verwechseln mit den modernen Navigationssextanten) genannt wurden, ausgeführt.

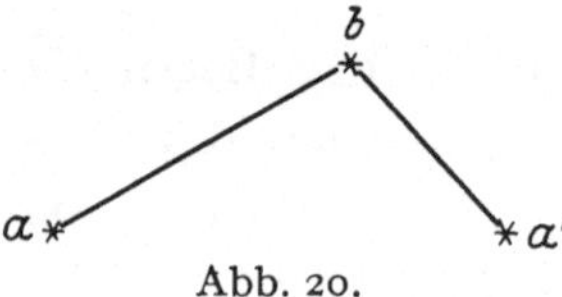

Abb. 20.

Schon vor der Erfindung des Fernrohres hatte man indessen an die Möglichkeit gedacht, den Unterschied in horizontaler Richtung zwischen zwei Sternen mit Hilfe des Quadranten und der Uhr zu messen Doch teils hatte man, wie wir wissen, zu der Zeit keine brauchbaren Uhren, und teils hatten die Quadranten eine Eigenschaft, die sie sehr unvollkommen machte. Wir sehen aus Abb. 19, wie das ganze Fernrohr auf einem Quadranten von älterem Typus um eine kurze Achse herumgedreht wird, ein Umstand, der

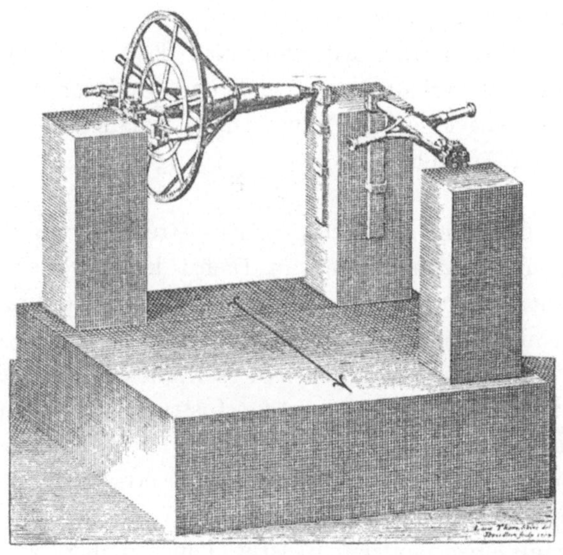

Abb. 21. *Ole Römers* Meridiankreis (links) und Instrument im ersten Vertikal (rechts).

bewirkte, daß das Fernrohr während der Drehung in der Deklination schlingernde Bewegungen ausführte, die die Genauigkeit der Rektaszensionsmessungen sehr beeinträchtigen mußten.

Hier setzte nun *Ole Rømer* ein. Sein Gedanke ist sehr einfach und sehr wirksam: Er läßt das Fernrohr um eine lange Achse drehen, die in Lagern auf zwei fest aufgestellten

Pfeilern ruht. Dadurch hatte das Instrument eine Stabilität erreicht, die die der alten Instrumente bei weitem übertraf. *Rømers* Instrument — der erste Meridiankreis — hatte auch noch eine andere wesentliche Eigenschaft, die von entscheidender Bedeutung war: den geschlossenen Kreis anstatt eines Kreisbogens (Quadranten), doch hierauf wollen wir nicht näher eingehen.

Und dann hatten wir schließlich dazu auch noch die Präzisionsuhr erhalten: die Pendeluhr. Und damit war die Epoche eingeleitet, die zu den Meridianbeobachtungen moderner Art führt.

* * *

Der Gnomon, der Urtypus der astronomischen Meßinstrumente, wird nicht mehr im Dienst der Wissenschaft gebraucht, doch geht er als ein Bestandteil in unzählige Sonnenuhren auf der ganzen Welt ein.

Zu genauen astronomischen Messungen haben wir, wie wir wissen, heutzutage ganz andere Instrumente. Doch vielleicht wird es den einen oder anderen interessieren, zu sehen, wieviel man mit einem Gnomon unter primitiven Verhältnissen erreichen kann.

Nimm einen spitzen Bleistift (einen Faber Nr. 2 hat man wohl immer zur Hand), befestige auf seiner Spitze eine kleine quadratische Pappscheibe mit einem runden Loch (ca. 2 mm Durchmesser) in der Mitte, und stelle diesen Apparat in einen Fensterrahmen, der nach Süden geht, an einem Tage, wo die Sonne scheint. Öffne das Fenster und laß die Sonnenstrahlen, also ohne daß sie durch das unregelmäßige Fensterglas gebrochen werden, direkt auf den Bleistift fallen — wir haben dann einen Gnomon allereinfachster Form.

Miß den Abstand vom Fensterrahmen bis zum Mittelpunkt des kleinen Loches, und miß die Länge des Schattens, so genau wie möglich, von dem Punkt, der genau unter dem kleinen Loch liegt, bis zum Mittelpunkt des ellipsenförmigen Sonnenbildes. Eine einfache trigonometrische Rechnung gibt uns dann die beobachtete „Höhe" des Sonnenzentrums über dem Horizont. Wollen wir die wirkliche „Höhe" des Sonnenzentrums über dem Horizont haben, müssen wir eine kleine Korrektion wegen der Brechung des Lichtes in der Atmosphäre, der sogenannten Refraktion, vornehmen.

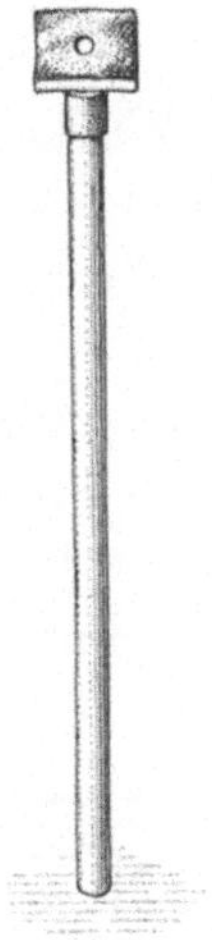

Wir können, wenn wir die Polhöhe des Beobachtungsortes und die „Deklination" der Sonne kennen, die man in einem astronomischen Jahrbuch nachschlagen kann, berechnen, welche Höhe die Sonne im Augenblick der Beobachtung über dem Horizont haben sollte, und sie darauf mit unserer Beobachtung vergleichen.

Im Kopenhagener Observatorium nahmen wir vor kurzer Zeit einige solche Beobachtungen vor.

Abb. 22. Ein „Faber" Nr. 2.

Einmal gegen Ende des Februarmonats 1927 stellten wir einen solchen Bleistift im Fensterrahmen eines der Arbeitszimmer des Observatoriums auf, ohne die Doppelfenster zu öffnen, und maßen. Die Resultate ergaben Fehler von 8 bis 15 Bogenminuten.

Am 25. Februar wiederholten wir die Versuche, doch jetzt mit sorgfältigeren Vorbereitungen. An Stelle der Pappscheibe wählten wir eine kleine Metallscheibe (Abb. 22). An Stelle des Fensterrahmens benutzten wir einen Tisch auf dem Balkon des Observatoriums; wir legten eine geschliffene Glasplatte darauf, die mit Hilfe einer Libelle so horizontal wie möglich gestellt wurde. Wir nahmen die Beobachtungen unter freiem Himmel vor, also ohne die störende Einwirkung der

Fensterscheibe. Die Resultate ersieht man aus der folgenden Zusammenstellung.

Mittel-europäische Zeit	Höhe des Schattenloches über der Glasplatte	Die gemessene Länge des Schattens	Daraus beobachtete „Höhe" des Sonnenzentrums	Dieselbe korrigiert wegen Refraktion
$11^h\ 59^m\ 29^s$	$184,6^{mm}$	$399,0^{mm}$	$24°\ 49',7$	$24°\ 47',6$
12 0 40	184,6	398,0	24 53,0	24 50,9
12 1 50	184,6	397,6	24 54,3	24 52,2

Wir können das Problem nun auf folgende Weise formulieren: Wir gehen von den gemessenen (wegen Refraktion korrigierten) Sonnenhöhen aus und berechnen daraus die Polhöhe mit Hilfe der bekannten Deklination der Sonne: ein in der Astronomie und der Navigation bekanntes Problem. Und wir erhalten dann aus unseren Beobachtungen für die Polhöhe des Kopenhagener Observatoriums die folgenden drei Werte:

55° 39',1
55 37,0
55 36,6

Der richtige Wert für die Polhöhe, abgeleitet aus genauen Beobachtungen, die mit modernen instrumentellen Hilfsmitteln ausgeführt sind, ist 55° 41',21. Wir sehen also, daß wir mit einem Faber Nr. 2 imstande gewesen sind, die Polhöhe zu bestimmen mit einem Fehler, der sich durchschnittlich nicht auf mehr als $3^1/_2$ Bogenminuten belief. Wenn wir uns dann daran erinnern, daß die Beobachtungsfehler bei den Instrumenten des Altertums bis zu 10' betrugen, und daß die Unsicherheit in den Beobachtungen, die *Tycho Brahe* mit seinen kostbaren Instrumenten anstellte, nicht weit unter 1' lag, dann sehen wir, daß es gar nicht so übel ist, einen Faber Nr. 2 zur Hand zu haben, wenn wir astronomische Beobachtungen anstellen wollen!

VI. Störungen in den Bewegungen der Himmelskörper.

Eine der Hauptaufgaben der exakten Naturforschung ist die, verschiedene Phänomene unter gemeinsamen Gesichtspunkten zusammenzufassen, d. h. zu versuchen, allgemeingültige Theorien aufzustellen, aus denen man eine möglichst große Anzahl beobachteter Phänomene logisch abzuleiten vermag.

Von diesem Gesichtspunkt aus gibt es in der ganzen Naturwissenschaft kein Problem, das dem Ideal so nahekommt, wie die astronomische Störungstheorie. Aus einem einzigen Gesetz, dem *Newton*schen Gravitationsgesetz, ist es möglich gewesen, eine endlose Reihe von Bewegungsanomalien für eine große Menge von Himmelskörpern mit so großer Genauigkeit abzuleiten, daß sich die Übereinstimmung zwischen Beobachtung und Theorie bis auf die Einheiten der sechsten und siebenten Dezimale in unseren Berechnungen erstreckt.

Wir stellen uns in diesem Kapitel nicht die Aufgabe, diese, wie man in den meisten Fällen sagen kann, Identität zwischen Theorie und Beobachtung nachzuweisen. Es gibt hier ein Gebiet, wo der Laie nicht zweifelt. Die Genauigkeit der astronomischen Vorausbestimmungen ist bekannt und anerkannt, auch von denen, die nicht imstande sind, die überlegene Genauigkeit der Resultate der astronomischen Theorie zu überblicken. Das, was wir hier als unser Ziel ins Auge fassen, ist ein Versuch, rein qualitativ die Wege anzudeuten, auf denen die astronomische Theorie ihre verblüffenden Triumphe feiert.

In einem früheren Kapitel haben wir das Zweikörperproblem besprochen. Wir blicken jetzt nach umfassenderen Zielen aus. In unserem Sonnensystem finden sich nicht zwei, sondern viele Himmelskörper, die einander anziehen, und es ist unsere Aufgabe, gewisse Seiten dieses allgemeineren Problems zu behandeln.

* * *

Im vorliegenden Kapitel wollen wir uns ausschließlich an die Spezialfälle innerhalb des Dreikörperproblems (oder richtiger gesagt, Mehrkörperproblems) halten, die unter der Gesamtbezeichnung Störungsprobleme zusammengefaßt werden. In zwei der folgenden Kapitel (Kap. VII und X) wollen wir noch umfassendere Fragen behandeln.

Die Störungsprobleme können als Bewegungsprobleme definiert werden, wo die Kraft, die auf einen Himmelskörper wirkt, in zwei Teile geteilt werden kann: 1. Einen dominierenden Teil, eine Kraft, die nach dem *Newton*schen Gesetz genau gegen ein Zentrum wirkt, und darum eine reine Zweikörperbewegung hervorbringen würde, wenn sie allein wirkte, und 2. eine andere Kraft, die wesentlich geringer ist als die erste, und die daher — zum wenigsten wenn es sich nicht um große Zeiträume handelt — nur kleine Abweichungen hervorbringt in der durch die Hauptkraft verursachten reinen Zweikörperbewegung.

Wir haben viele verschiedene Arten solcher Probleme in der Astronomie, von denen wir gleich drei nennen wollen.

1. Das Planetenproblem. Die Sonne zieht nach dem *Newton*schen Gesetz mit ihrer ungeheuren Masse einen Planeten an, und wenn keine anderen Kräfte existierten, würde daher ein Planet in einer rein elliptischen Bahn um

die Sonne gehen (oder richtiger: um den gemeinsamen Schwerpunkt der Sonne und des Planeten). Da aber eine Anzahl anderer Planeten, alle die sogenannten großen Planeten, Massen haben, die wohl klein sind, doch nicht gänzlich verschwindend im Verhältnis zu der der Sonne, wirken immer eine Anzahl anderer Kräfte auf jede Planetenbewegung, und diese Kräfte bewirken in der betreffenden Bewegung beständig kleine Abweichungen von der rein elliptischen Bahn (die sogenannten Störungen).

2. Das Bewegungsproblem des Erdmondes. Bei der Berechnung von der Bewegung des Erdmondes stellt die Erde die zentrale Kraft dar, und der Mond geht daher im großen ganzen in einer elliptischen Bahn um die Erde. In diesem Problem ist die wichtigste störende Kraft die, womit die Sonne wirkt. Trotzdem die Masse der Sonne im Verhältnis zu der der Erde (des Zentralkörpers) so ungeheuer groß ist, kommt es auch hier zu einem Störungsproblem, weil die Sonne sich in einem so großen Abstand vom Erde-Mond-System befindet.

3. Die Störungen, die durch die Form der Körper verursacht werden. Das *Newton*sche Gesetz sagt ja, daß überall da, wo zwei Massenpartikel vorhanden sind, immer eine Anziehungskraft existiert, die in der Verbindungslinie der beiden Partikel wirkt, und zwar mit einer Größe, die durch den Ausdruck $\frac{m_1 \cdot m_2}{r^2}$ angegeben werden kann. Wenn wir die Anziehungskraft zwischen zwei Himmelskörpern berechnen wollen, müssen wir also in Wirklichkeit auf eine unendliche Anzahl von Massenpartikeln Rücksicht nehmen, die alle zu zwei und zwei aufeinander wirken. In gewissen einfachen Fällen, wie z. B. wenn beide Körper entweder a) genaue Kugelform haben, oder b) konstantes spe-

zifisches Gewicht in ihrer ganzen Ausdehnung, oder auf jeden Fall eine solche Verteilung des spezifischen Gewichtes, daß wir überall im gleichen Abstand vom Zentrum des Körpers das gleiche spezifische Gewicht haben, in solchen Fällen kann es streng mathematisch nachgewiesen werden, daß die gegenseitige Wirkung der beiden Körper auf ihre fortschreitende Bewegung im Raume genau die gleiche ist, die sie sein würde, wenn die Massen der beiden Körper in den respektiven Zentren gesammelt wären, also genau als wenn wirklich von „Massenpartikeln" die Rede wäre. Für die Sonne, die Planeten und den Mond haben die genannten Voraussetzungen annähernde Gültigkeit, doch nicht ganz exakt, und die Folge ist, daß die Kräfte, die wir behandeln, im wesentlichen die gleichen sind, als wenn alle diese Körper Massenpunkte wären. Doch auf Grund der Form der Körper kommen kleine Abweichungen vor, und dabei erhalten wir auch kleine Abweichungen in den Bewegungen. Diese kleinen Abweichungen können nach derselben Methode wie die Störungen der unter 1 und 2 genannten Bewegungsprobleme behandelt werden.

Im Folgenden werden wir nur von den Problemen 1 und 2 sprechen.

* * *

Zuerst ein allgemeiner Satz über störende Kräfte: Eine Störung kann immer durch die Differenz zweier Wirkungen ausgedrückt werden.

Wir sehen auf Abb. 23 die Erde (E), die Bahn des Mondes um die Erde, den Mond (M_1, M_2, M_3, M_4) in verschiedenen Stellungen in seiner Bahn, und die Sonne (S) weit draußen rechts. Die ungestörte Bahn des Mondes stellen wir uns der Einfachheit halber als einen genauen Kreis vor. Im ersten Augenblick könnte man wohl dazu verleitet werden, folgende Überlegung anzustellen: In der Stellung M_1S wirkt die Sonne auf den Mond in einer Richtung und mit einem Effekt (der „Akzeleration"), die von dem Pfeil bei M_1 angegeben werden; in der Stellung M_3S geben wir den entsprechenden Effekt auf dieselbe Weise mit einem Pfeil an. Da der Mond in der Stellung M_1S etwas näher an der Sonne ist als in der Stellung M_3S, muß die Akzeleration gegen die Sonne in der erstgenannten etwas größer sein als in der letztgenannten Stellung; doch in beiden Fällen ist

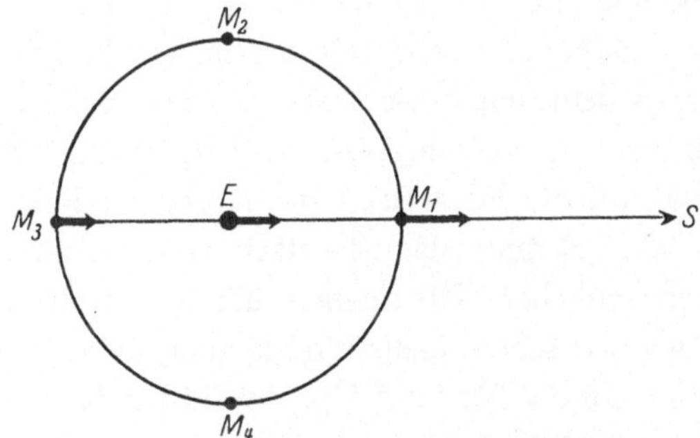

Abb. 23. Störungen in der Bewegung des Mondes um die Erde.

die Akzeleration gleichgerichtet (nach rechts auf der Abb.), und die Anziehung der Sonne müßte also den Mond von der Erde in der Stellung M_1S entfernen und ihn der Erde in der Stellung M_3S nähern.

Doch diese Überlegung würde in der Tat ganz verkehrt sein. Das, wovon wir uns eine Vorstellung zu verschaffen suchen, sind die Störungen in der B a h n d e s M o n d e s u m d i e E r d e, die die Anziehung der Sonne bewirkt. Und die Überlegung wird dadurch eine ganz andere:

In der Stellung M_1S gibt die Sonne dem Mond eine Akzeleration, die durch den Pfeil bei M_1 angedeutet wird. Doch ist dies nicht die Wirkung der Sonne auf die Stellung des Mondes im Verhältnis zur Erde. Um diese zu finden, müssen wir die Differenz der beiden Akzelerationen berechnen, die die Sonne M_1 und E gibt. Wir sehen bei E einen Pfeil, der genau dieselbe Richtung hat wie der Pfeil bei M_1, der jedoch ein wenig kürzer ist als dieser. Der Pfeil bei E stellt gerade die Akzeleration dar, die S E gibt; und diese Akzeleration muß ein kleines bißchen kleiner sein als die, die S M_1 gibt, weil der Abstand ES ein wenig größer ist als der Abstand M_1S. Doch die Störung, die S M_1 in seiner Stellung im Verhältnis zu E gibt, wird daher nur gleich der Differenz zwischen den beiden Pfeilen bei M_1 und E. Man sieht, daß diese Differenz nach rechts gerichtet sein muß, und die Störung also von der Erde fort wirkt.

In bezug auf die Richtung der störenden Kraft in der Stellung M_1S stimmt das Resultat also mit der ersten, mehr oberflächlichen, Überlegung überein, doch wird der Effekt, wie wir sehen, bedeutend kleiner, als man gedacht haben sollte. In der Stellung M_3S weicht das Resultat noch mehr ab. Die Akzeleration, die S M_3 gibt, wird durch den Pfeil bei M_3 dargestellt, und die Akzeleration, die S E gibt, wird durch den Pfeil bei E dargestellt. Doch ist der letzte Pfeil ein bißchen länger als der erste, weil der Abstand ES etwas kleiner ist als der Abstand M_3S, und die Sonne also E etwas mehr anzieht als M_3, wodurch sich mit anderen Worten das im ersten Augenblick überraschende Resultat ergibt, daß die Anziehungskraft der Sonne auch in der Stellung M_3S den Mond von der Erde entfernt.

Auf diese Weise muß man in unseren Störungsproblemen immer auf den Unterschied zwischen zwei Effekten Rücksicht nehmen, statt nur einen zu berechnen. Wir wollen dies später durch konkrete Beispiele beleuchten.

* * *

Als wir in Kap. II die 6 „Elemente" einer Planetenbahn oder einer Mondbahn besprachen, begnügten wir uns vorläufig damit, nur 4 davon zu definieren. Die beiden Bahnelemente, die die Lage der Bahnebene im Raum angeben, ließen wir bis auf weiteres zurück.

Abb. 24 veranschaulicht die Bedeutung dieser beiden Bahnelemente. Wir sehen in der Abb. zwei verschiedene Ebenen: *Pl' Pl* stellt die Bahnebene eines Planeten vor, und *E' E* stellt eine bestimmte Ebene im Weltenraume dar, auf die wir alle anderen Ebenen beziehen. Als eine solche „Fundamentalebene" ist es am besten, die Bahnebene des s t ö r e n d e n Körpers zu wählen. In dieser Ebene fixieren wir einen Punkt ♈, von wo aus alle Bögen in der Ebene gerechnet werden. Wir sehen nun aus der Abb. 24, daß wir jede beliebige Planetenbahnebene festlegen können durch Angabe 1. des Winkels i, den die Bahnebene mit der Fundamentalebene bildet, und 2. des Bogens Ω in der Fundamentalebene von dem festen Punkte ♈ zu dem Punkte, wo der Planet in seiner Bewegung über die Fundamentalebene hinaufgeht, nachdem er vorher darunter war. Diesen Punkt nennt man den a u f s t e i g e n d e n K n o t e n der Planetenbahn (der Punkt selbst ist auf Zeichnungen oft mit demselben Zeichen Ω angegeben), und der Bogen Ω heißt die Länge des aufsteigenden Knotens. Kenne ich Ω und i für eine Planetenbahn, dann ist die Stellung der Bahnebene im Raume definiert. Zur weiteren Illustration geben wir — nach *Jens P. Möller*[1]) — ein Stereoskop-

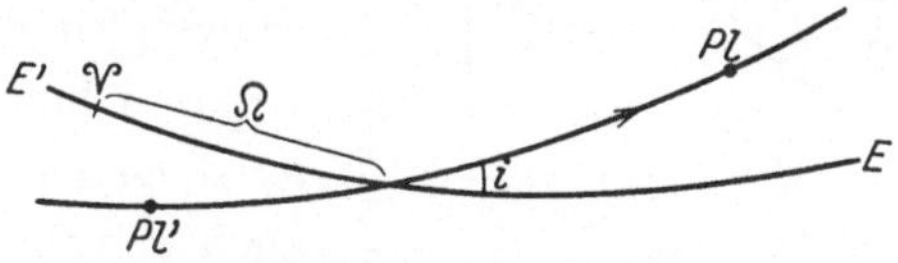

Abb. 24. Die Bahnelemente Ω und i.

[1] Nordisk Astronomisk Tidsskrift, Mai 1927.

bild der Bahnen der Erde und des Kometen Pons-Winnecke (Abb. 25).

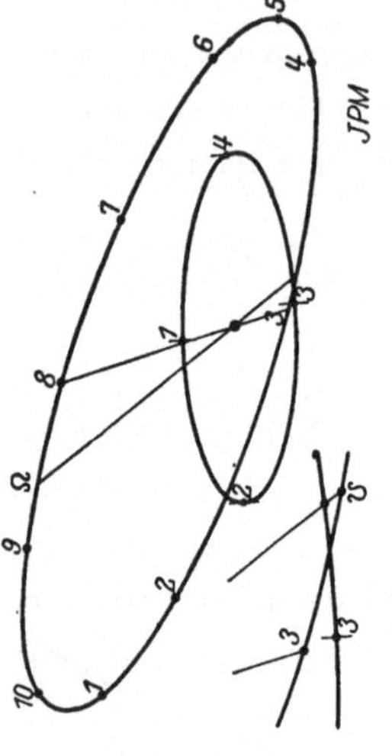

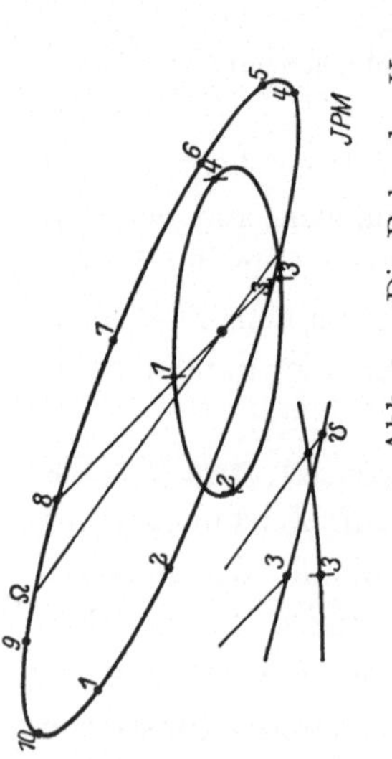

Abb. 25. Die Bahn des Kometen Winnecke (Stereoskopbild).

Es gibt nun im Bereich der Störungstheorie einige allgemeingültige Sätze, die aussagen, daß die Neigung (i) zwischen einer Planetenbahn und der Fundamentalebene sich im allgemeinen unter dem Einfluß der Störungen seitens eines anderen Planeten stetig verändert, doch auf eine solche Weise, daß sie periodisch um einen Mittelwert schwingt und niemals über gewisse Grenzen hinausgeht, während der aufsteigende Knoten (Ω) allerdings auch sowohl vorwärts wie rückwärts gehen kann, aber durchschnittlich immer rückwärts geht, womit gemeint ist, daß der Knoten sich in der entgegengesetzten Richtung von derjenigen bewegt, in der die Planeten in ihrer Bewegung gehen (in Abb. 24 also von rechts nach links).

Wir werden sehen, daß man ohne mathematische Formeln, durch rein elementare Betrachtungen zeigen kann, daß diese allgemeingültigen Sätze richtig sein müssen.

* * *

Wir stellen jetzt die folgende Überlegung an: Wir denken uns einen Körper, dessen Bewegung wir untersuchen wollen, zu einem gewissen Augenblick in einem gewissen Punkt und mit einer gewissen Bewegung. Wir wissen, daß wir dann die Ellipse konstruieren können, in der der Körper sich in Zukunft um den Zentralkörper bewegen würde, wenn nicht andere Kräfte vorhanden wären als die Gravitation gegen diesen Zentralkörper. Wir nehmen ferner an, daß sich plötzlich eine störende Kraft zeigt. Diese störende Kraft hat eine gewisse Größe und eine gewisse Richtung. Wir gehen jetzt so vor, wie man in mechanischen Bewegungsproblemen vorzugehen pflegt: Wir teilen die störende Kraft in drei rechtwinklig zueinander stehende

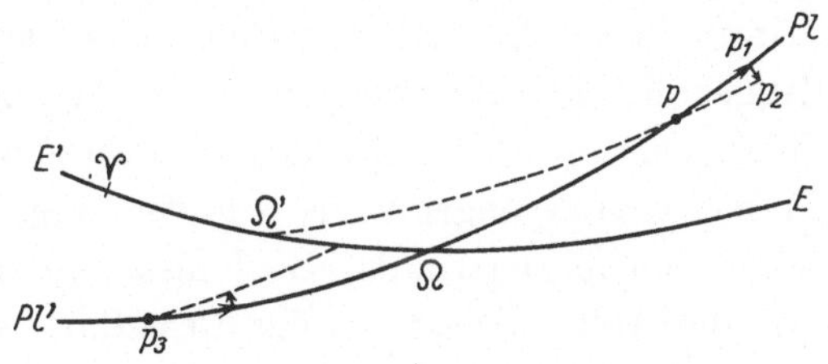

Abb. 26. Störungen in Ω und i.

„Komponenten", eine rechtwinklig auf die Bahnebene und zwei in der Bahnebene, von denen die eine in der Richtung der Tangente (der Richtung der Bewegung) wirkt, und die andere rechtwinklig auf die Tangente (in der Richtung der „Normalen"). Die beiden letztgenannten Komponenten, die nur in der Ebene der Bahn wirken, wollen wir später besprechen; für den Augenblick halten wir uns an die erste der drei Komponenten, diejenige, die rechtwinklig zur Bahnebene des gestörten Körpers steht, von den dreien die einzige, die störend auf die Lage der Bahnebene im Raum wirken kann.

Wir stellen uns in Abb. 26 die Bahnebene $E'E$ des störenden Körpers (E) und die Bahnebene Pl' Pl des gestörten Körpers (*Pl*) vor, beide rechtwinklig zum Papier.

Wir denken uns, daß *Pl* sich in einem gewissen Augenblick im Punkte p befindet, mit einer solchen Bewegung, daß er in der nächsten Zeiteinheit von p nach p_1 in der Ebene um den Zentralkörper gehen würde, wenn nicht störende Kräfte in Erscheinung träten. Doch nun stellen wir uns vor, daß sich plötzlich eine störende Kraftkomponente zeigt, rechtwinklig zur Bahnebene des *Pl* und zwar so, daß sie gegen die Fundamentalebene wirkt, hier also nach unten. Der Pfeil p_1p_2 in der Abb. gibt die Weglänge an, die diese störende Kraft *Pl* geführt haben würde, wenn dieser sich in jenem Augenblick in Ruhe befunden hätte. Also bedeutet pp_1 den Weg, den *Pl* auf Grund der Geschwindigkeit des Körpers in der Bahn gegangen wäre, p_1p_2 den Weg, den die störende Kraft ihn führen würde. Doch diese beiden Wege können, wie die Abb. es zeigt, zu der Resultante pp_2 zusammengesetzt werden, die also die Bewegung ist, die der Körper wirklich erhält. *Pl* hat folglich eine Bahn erhalten, die ein wenig verändert ist. Die punktierte Linie nach rückwärts von p nach Ω' zeigt, wo der Schnittpunkt der neuen (gestörten) Bahn mit der Fundamentalebene liegt. Wir sehen, daß der Knoten zurückgegangen ist (entgegengesetzt der Bewegungsrichtung von *Pl*), und wir sehen auch, daß die Neigung (i') zwischen der Bahnebene und der Fundamentalebene etwas geringer geworden ist, als sie vorher war (i).

Die Situation, die wir uns hier vorgestellt haben, war folgende: Der gestörte Körper befand sich in seiner Bewegung ein kleines Stück nach dem aufsteigenden Knoten. Die störende Kraft war nach unten, gegen die Fundamentalebene, gerichtet. Wir wollen nun andere Situationen untersuchen, d. h. wir wollen sehen, wie dieselbe Kraft auf die Bahnebene eines Körpers in anderen Punkten der Bahn wirkt. Vorläufig halten wir beständig an der Annahme fest, daß die störende Kraft gegen die Fundamentalebene gerichtet ist (wie es sich in Wirklichkeit damit verhält, davon wollen wir später sprechen). Es ist leicht, in der Abb. zu sehen, daß, wenn die störende Kraft von der Ebene fort gerichtet ist, die Resultate für Ω und i dann genau entgegengesetzt werden. Der Knoten würde in unserem Falle vorwärtsgehen, und die Neigung würde größer werden. Und ebenso verhält es sich in allen anderen Situationen: wirkt

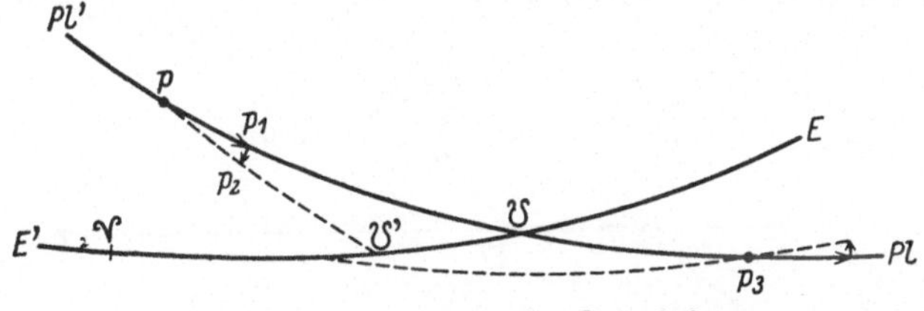

Abb. 27. Störungen in Ω und i.

die störende Kraft fort von der Fundamentalebene, werden die Resultate für Ω und i immer die umgekehrten.

Doch wir setzen unsere Untersuchung fort. Wir denken uns nun (Abb. 26) *Pl* in einem Punkt (p_3) der Bahn, der ein Stück vor dem aufsteigenden Knoten liegt. Auf der Abb. wird alles analog, und wir sehen das Resultat sofort: eine störende Kraft, die gegen die Fundamentalebene wirkt, bewirkt in dieser Situation, daß der Knoten zurückgeht, gerade so, wie es in der zuerst behandelten Situation der Fall war, daß aber die Neigung hier größer wird, im Gegensatz zu dem, was vorher der Fall war.

Und wir experimentieren weiter: Wir untersuchen, wie das Resultat in der Nähe des absteigenden Knotens (☋) wird. Abb. 27 zeigt uns die Resultate: Nach dem absteigenden Knoten wirkt eine gegen die Fundamentalebene gerichtete Kraft so, daß der Knoten zurückgeht und die Neigung geringer wird. Und vor dem absteigenden Knoten, daß der Knoten zurückgeht und die Neigung vergrößert wird. Wir sind hierdurch zu dem folgenden bemerkenswerten Resultat gelangt: In den Situationen, die wir betrachtet haben, bewirkt eine gegen die Fundamentalebene wirkende störende Kraft immer eine rückwärtsgehende Bewegung für den Knoten, dahingegen ein periodisches Zu- und Abnehmen für die Neigung. Wenn es sich nun so verhält, daß die störende Kraft in unseren Problemen immer —

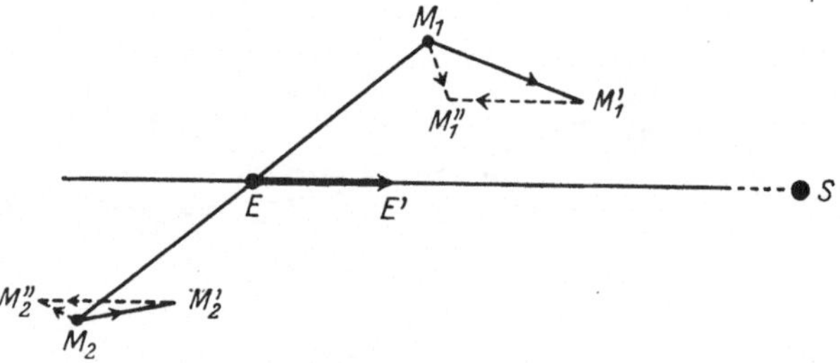

Abb. 28. Störungen in Ω und i.

oder zum wenigsten vorwiegend — gegen die Fundamentalebene und nicht von ihr fort wirkt, dann haben wir bereits jetzt das Verständnis für die oben (S. 76) zitierten, aus der exakten Theorie und — übereinstimmend damit — aus den Beobachtungen abgeleiteten Sätze über die Störungen in Knoten und Neigung in den Planeten- und Mondproblemen.

Es kommt also jetzt darauf an, zu untersuchen, welcher Art die störende Kraft in unseren Problemen ist. Ist sie hauptsächlich eine solche, die gegen die Fundamentalebene, oder eine solche, die davon fort wirkt?

Abb. 28 hilft uns, diese Frage näher zu betrachten. Wir denken uns das System Sonne (S), Erde (E) und den Mond

(M), den zuletzt genannten in zwei verschiedenen Punkten seiner Bahn, M_1 und M_2 (die Bahn denke man sich rechtwinklig zur Ebene des Papiers). In dem Punkte M_1 ist der Mond der Sonne näher als es die Erde ist. Die Akzeleration, die die Sonne dem Monde gibt, ist daher größer als die Akzeleration, die sie der Erde gibt, so wie die Pfeile $M_1 M_1'$ und EE' es angeben (in der Abb. ist dieser Unterschied stark übertrieben). Um die störende Wirkung auf die Bewegung des Mondes relativ zur Erde zu bekommen, brauchen wir nur den Pfeil bei E nach M_1' zu schieben und ihn in der umgekehrten Richtung anzubringen. Das Resultat wird die Zusammensetzung dieser beiden Pfeile: Also relativ zur Erde, d. h. in seiner Bewegung um die Erde wird der Mond das Stück $M_1 M_1''$ gezogen, also gegen die Fundamentalebene (Ekliptik). Nun betrachten wir die Situation M_2. Die Sonne gibt dem Monde die Akzeleration $M_2 M_2'$ und der Erde die größere Akzeleration EE'. Wir bringen EE' nach M_2' und kehren sie um! Das Resultat: Relatv zur Erde wird der Mond weggestoßen, wie $M_2 M_2''$ andeutet. Das sagt mit anderen Worten: Auch hier wird der Mond in seiner Bahn um die Erde gegen die Fundamentalebene getrieben. Es ist nun leicht, mit Hilfe eines einfachen Pappmodells der beiden Bahnebenen zu zeigen (in einer Zeichnung in einer Ebene ist es etwas schwieriger), daß der Fall in den allermeisten Situationen der gleiche bleibt. Es gibt Ausnahmen, doch in der Hauptsache hat der Satz Gültigkeit. Und es kommt hinzu, daß die Situationen, wo die störende Kraft wirklich von der Fundamentalebene fort gerichtet ist, gerade die Situationen sind, wo die Kraft am allerschwächsten ist.

Aus all diesem sehen wir unter anderem, daß diese einfachen Überlegungen uns zu genau denselben Resultaten führen wie die verwickelten mathematischen Berechnungen: Die Neigung der Mondbahn gegen die Erdbahn muß um einen Mittelwert schwingen, und ihre Knoten müssen rückwärts gehen, einen Umlauf nach dem anderen.

Wenn wir diese Untersuchungen in Einzelheiten ausführten, könnten wir den Wirkungen der Störungen während des ganzen Umlaufs des Mondes folgen, und zeigen, in welchen Punkten der Bahn des Mondes der Knoten vorwärts gehen muß, und in welchen er rückwärts gehen muß, und bestimmen, wann die Neigung abnimmt und wann sie zunimmt.

Doch wenn es nur auf die Bewegung des Knotens ankommt, und wenn wir nur untersuchen wollen, wie diese Störungen auf die Dauer wirken („säkulare Störungen"), uns aber nicht um kleine periodische Veränderungen kümmern, dann können wir uns die Sache noch viel leichter machen.

Wir denken an die gegenseitige Wirkung zweier Planeten aufeinander während sehr langer Zeiträume. Zeiträume, die eine sehr große Anzahl Umläufe um die Sonne umfassen. In dieser langen Periode wird der störende Planet viele Male jede Stellung relativ zur Sonne einnehmen. Die Kraft, mit der der Planet die Sonne relativ zu der Bahnebene des gestörten Planeten anzieht, wird daher alle möglichen verschiedenen Werte durchlaufen und im Laufe der Zeit in allen möglichen Richtungen wirken. Die Einwirkung des Planeten auf die Sonne relativ zu der Bahnebene des gestörten Planeten muß sich daher auf die Dauer selber aufheben. Dann haben wir nur noch mit der Einwirkung des einen Planeten auf den anderen zu tun; sie muß, wie wir in Abb. 29 sehen können, hauptsächlich gegen die Fundamentalebene wirken: Wir sehen die beiden Akzelerationen in der Bewegung *Pl's*, die *P* bewirkt. Wir teilen beide in zwei Komponenten, die eine in *Pl's* Bahnebene und die andere rechtwinklig dazu. Wir sehen, daß die letztere Komponente in der Situation *Pl* gegen die Fundamentalebene führt, in der Situation Pl_1 von dieser Ebene weg. Doch sehen wir ebenfalls, daß die erste Wirkung die überwiegende sein muß, da die Kraft in dem Teil der Bahn größer ist, wo sie gegen die Fundamentalebene hin wirkt, als in dem Teil, wo sie von dieser

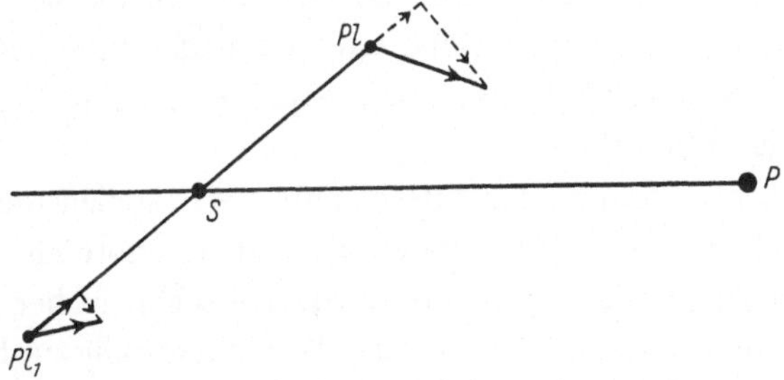

Abb. 29. Säkulare Störungen in Ω.

Ebene fort wirkt, und damit haben wir so einfach wie möglich den Satz bewiesen, daß die Knoten einer Planetenbahn (auf der Ebene des störenden Planeten gerechnet) auf die Dauer immer rückwärts gehen müssen, womit wir meinen, daß die Knotenlinie in der entgegengesetzten Richtung wie der Bewegungsrichtung des Planeten geht.

* * *

Und dann wollen wir etwas über die Störungen in der Bewegung eines Planeten oder eines Mondes in der Ebene der Bahn sprechen, also Störungen in den Bahnelementen, die wir mit den Buchstaben a, e, π und T bezeichnet haben.

Zuerst das Bahnelement a, die halbe Großachse der Ellipse.

Wir blicken zurück auf Abb. 8. Wir nehmen an, daß wir in einem gegebenen Augenblick die Stellung und Bewegung eines Planeten (E) im Verhältnis zur Sonne (S) kennen (den einen Brennpunkt der Ellipse). Wir wissen (S. 20), daß wir dann die Ellipse konstruieren können, worin der Körper sich zukünftig für immer bewegen wird, wenn wir uns vorstellen könnten, daß keine anderen Kräfte als die Anziehungskraft zwischen der Sonne und diesem Planeten vorhanden wären.

Wir erinnern uns der Gleichung, die die Geschwindigkeit des Planeten in der Bahn (V) in einem gewissen Augenblick, den Abstand (r) vom Planeten zur Sonne im selben Augenblick, sowie die halbe Großachse der Bahn (a) verbindet. Kenne ich V und r, wie es ja hier der Fall ist, dann kann ich a berechnen.

Doch nun kommt das Interessante. Wir stellen uns eine plötzlich in diesem Augenblick auftretende störende Kraft vor. Ich teile diese störende Kraft, wie schon früher angedeutet, in drei Komponenten, eine (W) rechtwinklig zur Bahnebene, eine (T), die in der Bahnebene genau in der Richtung der Tangente (Richtung der Bewegung) wirkt, und eine (N), die in der Ebene der Bahn, rechtwinklig auf T wirkt (also in der Richtung der Normalen).

Die Komponente W wollen wir jetzt nicht behandeln — sie wirkt ja nur auf die Lage der Bahnebene im Raum.

Wir werden nun zeigen, daß eine plötzlich auftretende störende Kraft T sofort die Großachse der Bahn verändert, doch daß eine Kraft N keine solche Wirkung hat.

Daß eine kleine Kraft T plötzlich genau in der Richtung der Tangente wirkt, bewirkt natürlicherweise, daß die Geschwindigkeit des Planeten in der Bahn zu- oder abnimmt, je nachdem diese störende Kraft in der gleichen Richtung wirkt wie die, in der die Bewegung des Planeten im Augenblick vor sich geht, oder in der entgegengesetzten Richtung. Bis auf weiteres denken wir uns also den ersten Fall: Die störende Kraft erhöht die Bewegungsgeschwindigkeit des Planeten. Hätten wir mit einem Fall zu tun, wo das Entgegengesetzte der Fall wäre, dann müßten wir nur alle die erhaltenen Resultate umkehren. In keinem Falle wirkt eine Kraft T auf die Richtung der Bewegung ein.

Wir betrachten die Formel S. 19. Wir kennen r im gegebenen Augenblick und wir kennen die ungestörte Bahnellipse. Was geschieht nun, wenn die Geschwindigkeit V sich plötzlich ein wenig erhöht? Wir können die neue Geschwindigkeit V_1 nennen. Sie ist also etwas größer als V.

Und wenn wir nun mit Hilfe der Formel auf S. 19 den entsprechenden Wert der halben Großachse berechnen — wir können diesen neuen Wert ja mit a_1 bezeichnen — dann sehen wir leicht aus der Formel, daß, sobald V_1 größer als V ist, auch a_1 automatisch größer als a wird. Die halbe Großachse der neuen Bahn wird also etwas größer als die der ungestörten Bahn a. D. h. mit anderen Worten: Eine störende Kraft, die in der Richtung der Bewegung wirkt, macht die Großachse einer Bahn immer größer, und umgekehrt, natürlicherweise: eine störende Kraft, die gegen die Bewegung wirkt, macht die Großachse kleiner.

Doch wir können unsere Überlegung noch weiter führen. Wir können untersuchen, welche Wirkung eine störende Kraft T auf die Elemente π und e hat.

Wir nehmen zuerst das Element π, „die Länge des Perihels", die angibt, wie die Großachse in der Ebene der Bahn orientiert ist.

In dieser Absicht studieren wir Abb. 30. Wir haben den Planeten in einem gewissen Augenblick im Punkte E der ungestörten Bahn, wir haben die Tangente, die beiden

Brennpunkte B und S, von welchen letzterer die Stellung der Sonne bezeichnet. Wir kennen die Geschwindigkeit V. Wir denken uns nun eine kleine störende Kraft T, die in der Richtung der Tangente nach vorwärts wirkt. Wir wissen, daß T die Richtung der Bewegung nicht verändern kann, nur die Geschwindigkeit: V_1 wird größer als V. Doch da die Richtung der Tangente unverändert ist, können wir sofort sagen, daß unter den neuen Verhältnissen der zweite Brennpunkt immer an der einen oder anderen Stelle auf der Geraden liegen muß, die von E nach B geht. Denn ein bekannter Satz von der Ellipse, den wir bereits (S. 18) zitiert haben, sagt, daß die beiden Brennpunktsradien in einer Ellipse immer dieselben Winkel mit der Tangente bilden. Und da sowohl die Gerade SE wie die Tangente nach der Störung eine unveränderte Richtung haben, muß daher auch die Richtung von E nach dem neuen zweiten Brennpunkt dieselbe sein wie in der ungestörten Bewegung. Doch wo auf dieser Geraden soll der neue zweite Brennpunkt liegen? Ja, diese Frage ist leicht beantwortet: Er muß etwas weiter von E entfernt liegen als der alte Brennpunkt B, wir wollen sagen in B'. Denn: von der Ellipse wissen wir, daß $r + r_1 = 2a$. Wenn die Geschwindigkeit V_1 auf Grund der Störung T größer ist als V, dann wissen wir aus der Gleichung der lebendigen Kraft, daß $2a_1$ größer wird als $2a$. Gehen wir nun von S bis E an r entlang, und von da nach B' an r_1 entlang, im ganzen den Weg $2a_1$, dann müssen wir etwas über B hinauskommen, da $r + r_1$ nun etwas größer sein soll als vorher, und dort haben wir den neuen Brennpunkt.

Wir haben also nach der Störung den zweiten Brennpunkt in B'. Der erste Brennpunkt liegt unverändert in S (der Sonne), also liegt die neue Großachse in SB', und die Großachse ist nach vorwärts gedreht, d. h. die Perihellänge π ist größer geworden!

Wir führen darauf dieselbe Konstruktion in einem anderen Punkte der Bahn, z. B. in E_1 (Abb. 30), aus. Wir sehen sofort: Der neue zweite Brennpunkt wird in B_1' liegen und das Perihel ist zurückgegangen. Und wiederholen wir diese Untersuchung für verschiedene Punkte der Bahn, dann erhalten wir leicht das folgende, ganz allgemeine Resultat: Ist ein Planet auf dem Wege vom Perihel zum Aphel, dann bewirkt eine störende Kraft T, die einen Augenblick in der Richtung der Tangente wirkt, daß die Perihellänge wächst; ist der Planet auf dem Wege vom Aphel zum Perihel, dann bewirkt eine solche störende Kraft, daß das Perihel rückwärts geht.

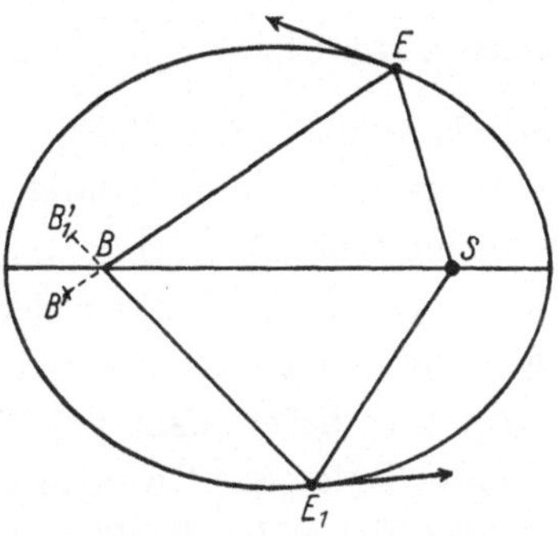

Abb. 30. Störungen in Perihellänge.

Und auf ähnliche Weise können wir die Wirkung einer störenden Kraft unter allen möglichen Verhältnissen verfolgen. Die Wirkung einer Kraft T auf die Bahnexzentrizität z. B. Wir denken uns den Planeten E z. B. im Aphel (A). Wir sehen aus Abb. 31, daß der Abstand zwischen den Brennpunkten ($2c$) durch die Störung kleiner geworden

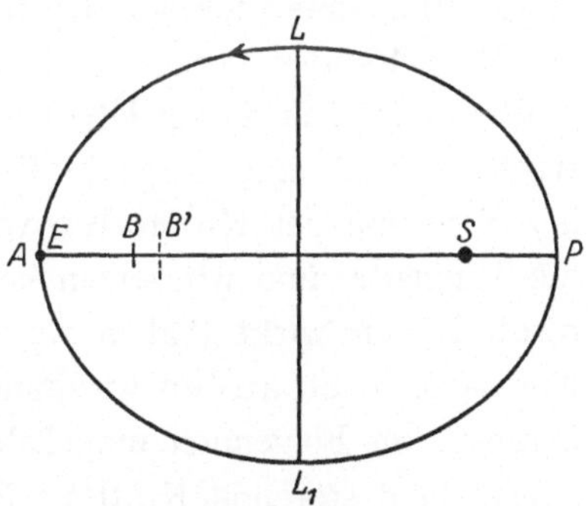

Abb. 31. Störungen in der Exzentrizität.

ist, indem wir, um zu dem anderen Brennpunkt zu kommen, von S nach A und danach wieder zurückgehen müssen, im ganzen das Stück $2\,a_1$, welches ja größer ist als $2a$. Da die neue Exzentrizität $e_1 = \frac{c_1}{a_1} = \frac{2c_1}{2a_1}$ sein soll, und $2\,c_1$ kleiner ist als $2c$ und $2a_1$ größer geworden ist als $2a$, so sehen wir, daß die Exzentrizität durch die Störung kleiner geworden sein muß als sie vorher war. Wenn wir diese Überlegung in verschiedenen Punkten der Bahn wiederholen, gerade so, wie wir es machten, als wir die Veränderung der Perihellänge besprachen, dann zeigt es sich, daß die Bahn auch hier in zwei Teile geteilt werden kann, wenn auch jetzt auf eine andere Weise: Ist der Planet in seiner Bahn auf dem Wege von L_1 nach L, dann wirkt eine störende Kraft T so, daß die Exzentrizität erhöht wird, und ist der Planet in seiner Bahn auf dem Wege von L nach L_1, dann wird die Exzentrizität durch eine störende Kraft, die einen Augenblick in der Richtung der Tangente wirkt, verringert.

Wir können in diesen Überlegungen fortfahren. Wir betrachten jetzt eine störende Kraftkomponente N, die in der Richtung der Normalen wirkt, also rechtwinklig auf die Tangente, und wir setzen voraus, daß sie in der Bahn nach innen wirkt (haben wir eine in der Richtung der Normalen nach außen wirkende Kraft, dann werden alle Schlüsse im Folgenden umgekehrt).

Daß eine störende Kraft in E nach innen rechtwinklig auf die Bewegungsrichtung eines Planeten wirkt, bedeutet zweierlei: 1. daß die Geschwindigkeit (V) sich nicht ändert, und 2. daß die Richtung der Bewegung etwas nach innen gedreht wird, d. h. daß die neue Tangente eine Stellung erhält, die man an dem punktierten Pfeil in Abb. 32 erkennt. Hieraus folgt jetzt: 1. (aus der Gleichung der lebendigen Kraft) daß die Großachse $2a$ sich nicht ändert und 2. daß die Richtung von E nach dem neuen zweiten Brennpunkt verändert wird, da wir ja wissen, daß die Tangente immer denselben Winkel mit r bilden soll wie mit r_1. Der neue zweite Brennpunkt soll also auf der punktierten Linie EB' liegen. Doch wo auf dieser Linie? Ja, das ist leicht zu beantworten: Wir gehen von dem ersten Brennpunkt S zuerst bis E, und darauf an der punktierten Linie entlang, im ganzen ein Stück $r + r_1 = 2a$, dann kommen wir gerade zu dem zweiten Brennpunkt B'! Doch dann haben wir die Stellung der neuen Großachse, durch die Gerade SB' gegeben, und wir sehen, daß das Perihel auf Grund der Störung vorwärts bewegt ist. Wir führen dieselbe Konstruktion in allen möglichen Situationen aus, und es zeigt sich, daß die Perihellänge unter dem Einfluß einer störenden Kraft N wächst, wenn der Planet in der Bahn auf dem Wege von O_1 bis O ist, und abnimmt, wenn er von O bis O_1 unterwegs ist.

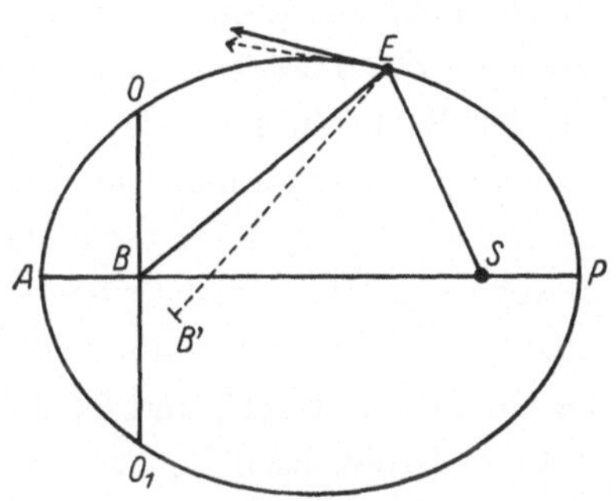

Abb. 32. Störungen in Perihellänge und Exzentrizität.

Und die Exzentrizität? Auf eine ganz analoge Weise wie damals, als von der Kraft T die Rede war, finden wir hier, daß e unter dem Einfluß einer störenden Kraft N zunimmt, wenn der Planet in der Bahn auf dem Wege von A bis P ist, und abnimmt, wenn er auf dem Wege von P bis A ist.

* * *

Die Frage, wie sich das Bahnelement, das als Perihelzeit bezeichnet wird, unter dem Einfluß einer störenden Kraft ändert, wollen wir unerörtert lassen; die Frage ist zu kompliziert für solche einfachen Betrachtungen wie die, die wir hier angestellt haben. Doch gibt es eine andere Frage, die Umlaufszeit eines Planeten in der Bahn betreffend, die mit einigen wenigen Worten beantwortet werden kann, und die von großem Interesse ist. Die Umlaufszeit — in dem Folgenden bezeichnen wir sie mit U — wird nicht zu den Bahnelementen gerechnet, weil wir sie immer berechnen können, wenn wir die Großachse der Bahn kennen. Die Möglichkeit dieser Berechnung beruht auf einem der Sätze im Zweikörperproblem, einem Satz, den schon *Kepler* aus den Beobachtungen der Planeten abgeleitet hatte, wenn auch nur in einer annähernd richtigen Form. Er stellt das berühmte dritte *Kepler*sche Gesetz dar: Wenn wir die Bewegung zweier (ungestörter) Planeten um die Sonne miteinander vergleichen, dann zeigt es sich, daß die Quadrate der Umlaufszeiten (U_1 und U) sich wie die Kuben der beiden (halben) Großachsen (a_1 und a) verhalten:

$$\frac{U_1^2}{U^2} = \frac{a_1^3}{a^3}.$$

In genauer mathematischer Form, so wie sich das Gesetz aus der Behandlung des Zweikörperproblems ergibt, sieht es aus wie folgt:

$$\frac{U_1^2}{U^2} = \frac{a_1^3}{a^3} \cdot \frac{1+m}{1+m_1},$$

wo m und m_1 die Massen der beiden Planeten bedeuten, ausgedrückt mit der Masse der Sonne als Einheit. Der Faktor $\frac{1+m}{1+m_1}$ spielt indessen eine sehr unbedeutende Rolle in den Planetenproblemen, da die Massen aller Planeten sehr klein sind im Verhältnis zu der der Sonne (die größte aller Planetenmassen, die des Jupiters, ist kleiner als $^1/_{1000}$ der Sonnenmasse).

Wir sehen aus der Formel, daß, wenn wir die Massen zweier Planeten (der Erde z. B. und eines anderen) kennen, sowie die halbe Großachse (a) und die Umlaufszeit (U) des einen (der Erde z. B.), dann haben wir eine Beziehung zwischen der halben Großachse (a_1) und der Umlaufszeit (U_1) des anderen Planeten, die uns instand setzt, die Umlaufszeit (U_1) zu berechnen, wenn wir die halbe Großachse (a_1) kennen. Je größer die Großachse, desto größer ist die Umlaufszeit.

Doch hiermit können wir auch die Richtigkeit des zweiten der auf S. 11 formulierten Paradoxe aus der Himmelsmechanik beweisen.

Wir denken uns einen Planeten in einem gewissen Punkt seiner ungestörten Bahn. Wir nehmen an, daß plötzlich eine störende Kraft in der Richtung der Bewegung wirkt. Diese Kraft erhöht die Geschwindigkeit des Planeten und dadurch, wie wir jetzt wissen, die halbe Großachse a der Bahn. Doch wenn die neue Bahn des Planeten ein größeres a hat, dann erhält er, der Formel S. 19 zufolge, auch ein größeres U, eine größere Umlaufszeit, und, was noch mehr ist, es folgt aus derselben Formel, daß der Planet eine geringere durchschnittliche Geschwindigkeit in der neuen Bahn erhält als in der alten. D. h.: Ganz gewiß hat die Störung eine größere Geschwindigkeit im Punkt E bewirkt, doch die durchschnittliche Geschwindigkeit des Planeten in der Bahn wird in Zukunft geringer als sie vorher war. Und kehren wir das Ganze um, dann sehen wir, daß eine störende Kraft, die der Bewegung eines Planeten in einem gewissen Punkte entgegenwirkt (ein Medium z. B., welches der Bewegung Widerstand entgegensetzt) dem Planeten in Zukunft eine Durchschnittsgeschwindigkeit gibt, die größer als die ursprüngliche ist!

* * *

In dem Vorhergehenden haben wir versucht, unseren Lesern eine Vorstellung davon zu geben, welche Einwirkung eine störende Kraft auf die Bahnelemente eines Himmelskörpers hat. Als wir von den beiden Bahnelementen sprachen, dem Knoten (Ω) und der Neigung (i), die die Lage der Bahnebene im Raum definieren, traten wir auch der Frage nahe, welcher Art die störenden Kräfte sind, eine Frage, die natürlicherweise das zweite Glied in dem Problem bildet, welches wir lösen wollen. Auch bei Störungen in der Bahn selbst (vor allem Störungen in a, e und π) kommt man durch ähnliche einfache Betrachtungen zu Resultaten, die direkt verglichen werden können mit der exakten Theorie und mit den Resultaten der Beobachtungen: Die Perihelien der Planeten und des Mondes erhalten durchschnittlich eine vorwärtsgehende Bewegung usw. Eine Vertiefung in diese Probleme würde uns hier zu weit führen; eine völlige und pädagogisch meisterhafte Darstellung aller dieser Probleme findet man in dem allzu wenig bekannten Werk „Gravitation" des berühmten englischen Astronomen *Airy* (eine deutsche Ausgabe erschien bei Engelmann im Jahre 1891).

Doch ehe wir dies Kapitel abschließen, das ein Versuch sein sollte, den Leser für die Störungsprobleme zu interessieren und ihn vielleicht zu einem eingehenderen Studium dieses hochinteressanten Gebietes im Bereich der exakten Naturwissenschaft zu verlocken, wollen wir versuchen, noch einige Sätze aus der Theorie der Störungen in unserem Sonnensystem zu beleuchten.

Die mathematische Theorie für periodische Störungen in der Bewegung der Planeten ergibt als Resultat solche Störungen verschiedener Art.

Wir betrachten zwei Planetenbahnen um die Sonne (Abb. 33), die eine außerhalb der anderen. Kenne ich die halbe

Großachse in beiden Bahnen, dann kann ich die Umlaufszeit und die Geschwindigkeiten in den Bahnen berechnen, und wir wissen, daß der innere Planet immer schneller geht als der äußere. Um das Problem so einfach wie möglich zu machen, denken wir uns die beiden Bahnen als exakt in derselben Ebene liegend und — vorläufig — als exakt kreisförmig.

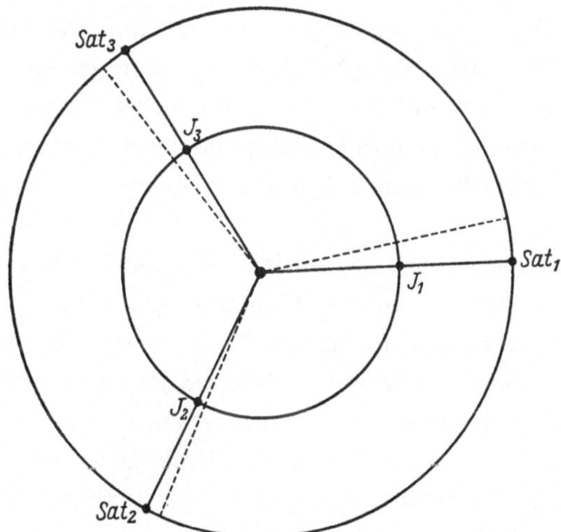

Abb. 33. Die Bahnen Jupiters und Saturns um die Sonne.

Es ist von vornherein klar, daß die gegenseitigen Störungen in den Bahnen dieser beiden Planeten von den Umlaufszeiten abhängig sein müssen, da die störenden Kräfte ja von der gegenseitigen Stellung der beiden Körper in jedem einzelnen Augenblick abhängig sind. Doch außer diesen Störungen mit kurzen Perioden (Perioden, die mit den Umlaufszeiten der beiden Körper verglichen werden können), zeigt die Theorie, daß gewisse periodische Störungen in der Bewegung der beiden Körper vorkommen, deren Perioden sehr lang sind im Verhältnis zu den Umlaufszeiten der beiden Planeten. Als Beispiel wollen wir die große Störung nennen, die Jupiter (Umlaufszeit etwas weniger als 12 Jahre) und Saturn (Umlaufszeit ca. $29^1/_2$ Jahre) gegenseitig in ihrer Bewegung bewirken, und die eine Periode von ungefähr 883 Jahren hat.

Die Erklärung dieser merkwürdigen Störung (und anderer ähnlicher) gab *Laplace* in einer Abhandlung aus dem Jahre 1784. Die mathematische Beweisführung lassen wir hier natürlicherweise außer Betracht, doch das qualitative Verständnis, wie solche großen langperiodischen Störungen entstehen, kann ohne mathematische Hilfsmittel erreicht werden.

Wir kehren zu Abb. 33 zurück. Wir denken uns, daß die Umlaufszeiten der beiden Planeten sich genau wie 5 : 2 verhalten, d. h. daß der innere Planet 5mal in seiner Bahn herumgeht in genau derselben Zeit, die der äußere gebraucht, um 2mal in der seinigen herumzugehen. Dieses Verhältnis von 5 : 2 ist dem wirklichen Verhältnis zwischen den Umlaufszeiten von Saturn und Jupiter sehr nahe. Nicht ganz genau, aber sehr nahe.

Im Augenblick nehmen wir jedoch an, daß das Verhältnis exakt wäre. Gehen wir von einer Situation aus, wo die Sonne, *J* (Jupiter) und *Sat* (Saturn) auf einer Geraden $J_1 Sat_1$ liegen (von der Sonne aus gesehen sind die beiden Planeten in „Konjunktion") und fragen, wo diese drei Körper das nächste Mal wieder in Konjunktion kommen, dann ist es leicht, zu sehen, daß dieses in der Stellung $J_2 Sat_2$ geschieht, wenn Saturn 240° in seiner Bahn und Jupiter $240° + 360° = 600°$ in seiner Bahn gegangen ist. Denn $\frac{600}{240} = \frac{5}{2}$. Und das nächste Mal wieder? Natürlicherweise in der Stellung $J_3 Sat_3$, wenn Saturn wiederum 240° und Jupiter 600° gegangen ist, und auf diese Weise können wir sehen, daß die Konjunktionen immer in drei verschiedenen Punkten eintreffen werden, die denselben Winkelabstand (240°) in den beiden Bahnen voneinander haben.

Was kann dies aber für die Störungen bedeuten? Zunächst ist es ja klar, daß durch die „Konjunktionen" besonders große Störungen entstehen müssen, da die beiden Planeten sich in den Konjunktionen besonders nahekommen. Und gerade in einem solchen Falle, wie dem vorliegenden, wo die Konjunktionen immer in denselben Stellungen eintreffen, müssen wir annehmen, daß die Störungen dort sehr groß werden. Doch gibt es nichts, was uns daran verhindern kann, vorauszusagen, daß diese Störungen rein periodisch werden, da die Konjunktionen so symmetrisch verteilt liegen.

Wir wollen uns indessen nicht bei diesem Falle, wo das Verhältnis zwischen den Umlaufszeiten genau wie 5 : 2 ist, aufhalten. Wir wollen lieber die Verhältnisse betrachten, wie sie wirklich sind mit Hinsicht auf Jupiter und Saturn: Das Verhältnis zwischen den Umlaufszeiten ist beinahe wie 5 : 2, doch nicht genau.

Wie wirkt dieses auf die Konjunktionen, d. h. auf die Situationen der größten Störungen?

Im System Sonne-Jupiter-Saturn liegen die Verhältnisse folgendermaßen, wenn wir beständig — bis auf weiteres — die Bahnen als genau kreisförmig annehmen. Das Verhältnis zwischen den Umlaufszeiten ist nicht genau wie 5 : 2. Es liegt näher bei dem Verhältnis von 72 : 29, wenngleich auch dies nicht ganz genau ist. Aus diesem Grunde trifft die zweite Konjunktion in Wirklichkeit nicht nach 240° bzw. 600° ein, sondern etwas später: Wir erhalten ungefähr

$242°{,}7$ (statt $240°$) für jede Konjunktion, und das Dreifache für jede Konjunktion im selben Punkt, also $728°{,}1 = 2 \cdot 360° + 8°{,}1$. Und dies wiederholt sich natürlicherweise für jede Konjunktion: Die Konjunktionslinien (die Stellungen für maximale Störung) verschieben sich jedesmal ca. $2°{,}7$, dieselbe Konjunktionslinie $8°{,}1$ vorwärts. Und dem entspricht, wie eine einfache Berechnung zeigt, daß die Konjunktionen wiederum nach einer Periode von ca. 883 Jahren in dieselben Punkte fallen.

So wie wir uns die Verhältnisse bisher gedacht haben — rein kreisförmige Bahnen — würde dies nun nichts besonders Wesentliches bedeuten, hauptsächlich nur, daß die Perioden der Störungen, die wir hier behandeln, etwas verändert werden. Doch ganz anders gestalten sich die Dinge, wenn wir bedenken, daß unsere beiden Planeten sich die ganze Zeit in Bahnen bewegen, die elliptisch sind und nicht kreisförmig. Wir verstehen, was das sagen will. Die Stellungen, wo wir Konjunktion haben, werden nicht — wie bisher — die gleichen Bedingungen für die Störungen ergeben. In einigen Konjunktionen ist die Situation für große Störungen günstiger als in anderen, weil sich die beiden Planeten dort näherkommen als in anderen. Und da die Konjunktionen, wie wir nun wissen, sich ständig im Verhältnis zu den Großachsen der beiden Bahnen verschieben, können wir nicht erwarten, daß die alte Periodizität in den Störungen unverändert bestehen bleiben soll.

Doch nun wollen wir an die fernere Zukunft denken! Nach Verlauf von ca. 883 Jahren fallen die Konjunktionen wieder in dieselben Punkte, und dann fängt es wieder von vorne an. Und damit haben wir eine neue Periode in den Störungen erhalten, eine Periode von ca. 883 Jahren, statt der kurzen Perioden, die mit der Umlaufszeit von den zwei

Planeten verglichen werden können: Wir haben eine langperiodische Störung erhalten.

* * *

Dies war das Problem der langperiodischen Störungen. Wenngleich nun diese langperiodischen Störungen in den Bewegungen von Jupiter und Saturn, die dem entsprechen, daß das Verhältnis zwischen den Umlaufszeiten beinahe, aber nicht genau = 5 : 2 ist, die größten Störungen dieser Art im Planetensystem sind, so finden sich doch auch noch eine Reihe anderer solcher: 8 Erdumläufe sind annähernd = 13 Venusumläufen, 4 Merkurumläufe = 1 Erdumlauf, 1 Marsumlauf = 2 Erdumläufen usw. Für alle diese Kombinationen erhalten wir Störungen desselben Typus: periodische Störungen, die eine lange Periode haben und die große Werte erhalten, gerade weil die störenden Kräfte in langen Zeiträumen fast in derselben Richtung wirken und erst nach dem Verlauf einer langen Zeit die völlige Kompensation erreichen.

Hier halten wir inne. Wir könnten diese Überlegungen in vielen Richtungen weiterführen und in noch feineren Einzelheiten verfolgen; wir könnten z. B. an die Perspektiven denken, die sich eröffnen, wenn wir im Problem der langperiodischen Störungen berücksichtigen, daß die Großachsen in den Bahnen der Planeten nicht festliegen, sondern eine säkulare vorwärtsschreitende Bewegung haben, aber es war nicht die Absicht, in diesem Kapitel eine Gesamtdarstellung der verschiedenen Störungsprobleme zu geben — das würde eine gar zu umfassende Aufgabe sein — sondern nur zu versuchen, anzudeuten, wie man auf möglichst einfachen Wegen zum Verständnis einiger der wichtigsten Resultate der Himmelsmechanik kommen kann.

VII. Reiserouten im Weltenraum.

Von der Erde zum Monde und andere ähnliche Ausflüge.

„Von der Erde zum Monde; direkte Überfahrt in 97 Stunden und 20 Minuten, von *Jules Verne*“ ist der Titel eines Buches, das mehrere Generationen hindurch in höherem Grade als die meisten anderen Erzeugnisse der Weltliteratur imstande gewesen ist, das Interesse der heranwachsenden intelligenten Jugend zu fesseln, ihre Phantasie zu wecken und ihre Gedanken auf wissenschaftliche Probleme hinzuleiten.

Indessen ist dies Werk von *Jules Verne* weit davon entfernt, vollkommen zu sein, und im folgenden wollen wir einen der wissenschaftlichen Irrtümer behandeln, in denen sein größter Mangel besteht.

Doch das Buch sprudelt so über von Ideen und ist so voll von menschlichem Humor, daß es sich gewiß lange auf dem Schauplatz halten wird, dem Umstande zum Trotz, daß sein Hauptproblem — die Berechnung der Bewegung eines kleinen Körpers von einem Himmelskörper zu einem anderen — die Kräfte des Verfassers überstieg und im übrigen auch weit außerhalb des Gebietes lag, das die Himmelsmechanik der damaligen Zeit in ihren Bereich gezogen hatte.

Die ersten Kapitel dieses berühmten Buches spielen sich im „Gun-Klub“, einer Vereinigung alter Artilleristen in Baltimore, ab, die der Friede zwischen den Nord- und Südstaaten arbeitslos gemacht hatte, und denen das Leben nicht mehr lebenswert erschien, als man nicht länger von ihren

Kanonen Gebrauch machen wollte. Bis der Präsident, Mr. *Barbicane*, eines Tages mit dem Vorschlag herausplatzte, eine Kanone zu gießen, größer und schöner als alle anderen, und mit dieser Kanone ein Projektil bis zum Mond hinaufzuschießen.

Die Kanone wurde gegossen; sie wurde an einem Ort in Florida eingegraben, mit der Mündung nach oben, und es wurde ein Projektil konstruiert. Wie eine Spitzkugel geformt, und hohl, mit Platz darin für Mr. *Barbicane* und zwei andere Passagiere. Und die Kanone wurde abgefeuert — das war ein Abenteuer!

In einem Kapitel mit dem Titel: „Ein bißchen Algebra" läßt der Verfasser Mr. *Barbicane* die Formel zur Berechnung einer Bahn eines von der Erde fortgeschleuderten Projektils auf seinem Weg zum Monde ableiten. Es geschieht mit Hilfe einer Gleichung derselben Art wie die, die wir in der vorliegenden Arbeit im Kap. II unter dem Namen der Gleichung der lebendigen Kraft kennengelernt haben. Diese Formel setzt uns instand, die Geschwindigkeit in jedem Punkt der geradlinigen Bahn zu berechnen, die ein kleiner Körper zwischen zwei festen Zentren zurücklegen kann.

Wie aus den Äußerungen des Präsidenten *Barbicane* hervorgeht, war der Verfasser nicht im Unklaren darüber, daß er sich erlaubt hatte, das Problem in einem hohen Grade zu vereinfachen, indem er ausdrücklich darauf aufmerksam macht, daß man in dem vorliegenden Problem eigentlich mit zwei Attraktionszentren zu tun hat, die überhaupt keine festen Stellungen einnehmen, sondern alle beide (Erde und Mond), jedes für sich, mit ihren eigenen Bewegungen durch den Weltraum wandern.

Zu *Jules Vernes* Zeiten war die Astronomie indessen nicht imstande, das Problem zu lösen, wie man „Fortschleuderungsbahnen“ von einem Körper aus, der selbst ein Glied in einem System mehrerer Himmelskörper bildet, berechnen soll. Die Lösung solcher Probleme ist später als Nebenprodukt einer Reihe umfassender Untersuchungen über Bewegungsformen in dem berühmten Dreikörperproblem mit herausgekommen. Wir wollen einen wesentlichen Teil dieses Kapitels der Schilderung der Resultate widmen, die man auf diesem Gebiet erlangt hat. Zur Veranschaulichung dieser Resultate dient die Tafel hinten im Buche, zusammen mit den beiden Abb. 34 und 35 auf S. 106 und 107.

* * *

Die klassischen Probleme innerhalb der Himmelsmechanik behandelten immer die Untersuchung der Bewegungen in unserem Sonnensystem, und in unserem Sonnensystem liegen, wie wir gesehen haben (S. 70—72), gewisse Verhältnisse vor, die die mathematische Behandlung der Bewegungsprobleme verhältnismäßig einfach machen.

Wenn wir das allgemeine Drei- oder Mehrkörperproblem im Gegensatz zu den in Kap. VI behandelten Störungsproblemen definieren wollen, können wir es am besten als das Drei- oder Mehrkörperproblem mit allen Massen und allen Abständen von derselben Größenordnung charakterisieren.

Der Schwerpunkt der modernen Untersuchungen fällt nun in das Bereich des folgenden Problems: Zwei gleichgroße Massen m_1 und m_2 bewegen sich nach den Gesetzen des Zweikörperproblems um den gemeinsamen Schwerpunkt, und die Verhältnisse sind so gewählt, daß die beiden Massenpunkte in Kreisbahnen mit konstanter Geschwindigkeit wandern. Die Definition dieses Problems ist durch die kleine Fig. 1 auf unserer großen Zeichnung veranschaulicht. Die Aufgabe ist jetzt die folgende: Die Bewegung einer dritten, unendlich kleinen Masse (μ) zu untersuchen, die von den beiden endlichen Massen nach dem *Newton*schen Gesetz angezogen wird, und die sich in derselben Ebene wie diese bewegt. Auf Grund ihrer verschwindend kleinen Masse wirkt μ selber nicht auf m_1 und m_2 ein.

Dies Problem, welches wir „ein problème restreint im erweiterten Sinn" nennen können, ist nicht dasselbe wie das allgemeine Dreikörperproblem. Die Definition eines „problème restreint" ist zuerst zu „praktischen" Zwecken von *Poincaré* aufgestellt worden, damit man überhaupt imstande sein sollte, das Dreikörperproblem anzugreifen. Das von *Poincaré* definierte „problème restreint" unterscheidet sich von dem unsrigen dadurch, daß er voraussetzte, daß die eine der beiden endlichen Massen sehr klein im Verhältnis zu der anderen sein sollte. Durch diese Einschränkung wurde das Problem prinzipiell einfacher, analog dem Problem von der Bewegung der Planeten, wo wir beständig mit einer dominierenden Masse (der Sonne) zu tun haben.

In den Untersuchungen, über die wir hier referieren wollen, haben wir also zwei endliche Massen von der gleichen Größenordnung gewählt. Unsere spezielle Untersuchungsmethode[1] machte eine ganz bestimmte numerische Wahl für das Massenverhältnis notwendig, und wir haben, wie schon früher erwähnt, ein für allemal das Verhältnis $m_1 = m_2$ gewählt, um uns so weit wie möglich von den Störungsproblemen zu entfernen, wie sie in unserem Sonnensystem auftreten.

* * *

Unsere Zeichnung zeigt die Hauptresultate, die wir bis dato erreicht haben. In den kleineren Figuren 2 bis 12

[1] Über die Methode — die Methode der numerischen Integration — siehe Strömgren: Die Hauptprobleme der modernen Astronomie S. 32.

und 14 sind die Bahnen der verschiedenen Klassen in verschiedenen Maßstäben wiedergegeben und mit Pfeilen versehen, die für jede bestimmte Bahn die Bewegungsrichtung angeben. In der großen Hauptzeichnung sind alle Bahnklassen in einem für alle Klassen gemeinsamen Maßstabe gezeichnet.

Diese Untersuchungen nahmen ihren Anfang in den neunziger Jahren des vorigen Jahrhunderts, zuerst durch die von *Thiele* veranlaßten Arbeiten, danach durch *G. H. Darwins* große Abhandlung „Periodic orbits". *Darwin* hatte ein anderes Massenverhältnis ($m_1 = 10\, m_2$) als *Thiele* ($m_1 = m_2$) gewählt. In den späteren — in Kopenhagen ausgeführten — Arbeiten ist, wie schon gesagt, *Thieles* Massenverhältnis als Grundlage gewählt.

Die systematische Untersuchung der einfacheren „periodischen" und „asymptotischen" Bewegungsmöglichkeiten nahm im Jahre 1913 ihren Anfang auf der Kopenhagener Sternwarte.

Die Ausgangspunkte dieser systematischen Untersuchung der Bewegungsformen im problème restreint können auf folgende Weise angedeutet werden:

A. Erstens muß es für die unendlich kleine Masse μ periodische Bahnen um die eine oder die andere der beiden endlichen Massen geben.

Fig. 1 in der großen Zeichnung gab eine Erklärung der Definition unseres Problems, und die Pfeile geben die Bewegungsrichtung der beiden endlichen Massen m_1 und m_2 an. Wir nennen diese Bewegungsrichtung (die in unserer Zeichnung entgegengesetzt der Umdrehung des Uhrzeigers geht) direkt und die entgegengesetzte retrograd.

Von nun an wählen wir für das ganze Problem ein Koordinatensystem, das nicht fest ist, sondern sich mit den beiden Massen m_1 und m_2 auf eine solche Art dreht, daß die Verbindungslinie $m_1 m_2$ die Abszissenachse bildet. In diesem beweglichen Koordinatensystem (ξ, η) sind auf unserer Tafel alle anderen Figuren eingezeichnet, die das problème restreint angehen, d. h. die große Zeichnung und die kleinen Fig. 2—12 und 14 (über Fig. 13 werden wir später einige Worte sagen).

Von periodischen Bahnen um m_1 und m_2 finden sich (in unserem beweglichen Koordinatensystem) sowohl direkte wie retrograde.

B. Ferner existieren direkte und retrograde Bahnen um beide Massen.

C. Von *Lagrange* wissen wir, daß es fünf sogenannte Librationspunkte gibt, L_1, L_2, L_3, L_4, L_5 (siehe Fig. 1), die jeder für sich die Eigenschaft haben, daß die dritte Masse μ, wenn sie mit der Geschwindigkeit Null in einem dieser Punkte angebracht wird, stets dieselbe Konstellation mit den beiden endlichen Massen bilden wird, d. h. μ wird immer in dem betreffenden Librationspunkt liegen bleiben.

Es hat sich nun gezeigt, daß dieser Ruhezustand der Masse μ in einem Librationspunkt entweder immer oder unter gewissen Voraussetzungen als ein Grenzfall aufgefaßt werden kann, entweder von einer periodischen Bewegung um den betreffenden Librationspunkt oder von einer asymptotischen Bewegung in diesen Librationspunkt hinein oder aus ihm heraus.

D. Außer den periodischen und asymptotischen Bahnen, die unter A, B und C angedeutet sind, können wir eine Reihe interessanter Bahnen notieren, deren Existenz man a priori nicht erwartet haben könnte, und die auch von niemandem vermutet wurde.

* * *

Die mühsame Erforschung von periodischen und asymptotischen Bahnen, die mit Hilfe einer Unterstützung des Carlsbergfonds und einiger Freunde der Kopenhagener Sternwarte ausgeführt worden ist, und bei der über 50 Berechner im Laufe der Jahre teilgenommen haben, war ursprünglich, ganz natürlich, auf die einfach-periodischen Bahnen gerichtet (Bahnen, die bereits nach einem Umlauf periodisch sind) und später auch auf Bahnen, die asymptotisch gegen einen Librationspunkt verlaufen. Nach *Poincaré* gibt es von asymptotischen Bahnen auch eine allgemeinere Klasse: Bahnen, die asymptotisch gegen periodische Bahnen verlaufen (mit diesen haben wir uns nicht beschäftigt).

Als ein Hauptresultat der Untersuchungen über die periodischen Bahnen in den letzten Jahren kann Folgendes hervorgehoben werden: Es hat sich in einer ganzen Reihe von Fällen gezeigt, daß eine Klasse einfacher periodischer Bahnen, die in ihrem Entwicklungsgang komplizierter wurden, von selbst zu einfach-periodischen Bahnen zurückkehren, und zwar so, daß die ganze Klasse ein in sich abgeschlossenes System bildet. Ob dies der Fall mit allen bis jetzt untersuchten Bahnklassen ist, kann noch nicht mit Bestimmtheit gesagt werden. Auf jeden Fall ist eine solche Entwicklung sicher für alle Klassen, eine einzige ausgenommen, ein Resultat, welches im hohen Grade zur Schönheit und Abgeschlossenheit des Problems beiträgt.

* * *

Nach diesen einleitenden Bemerkungen wollen wir nun im folgenden die Hauptresultate für die verschiedenen Bahnklassen kurz zusammenstellen. Wir halten uns in dieser Zusammenstellung an die Buchstabenbezeichnung für die verschiedenen Klassen, die in den Publikationen der Kopenhagener Sternwarte angewandt ist.

Klasse a. Retrograde periodische Bahnen um den Librationspunkt L_2 (Fig. 2). Die alten *Thiele-Burrau*schen Bahnen. Die Klasse beginnt mit dem Librationspunkt L_2 setzt mit infinitesimalen Bahnen (1) fort und danach mit endlichen periodischen Bahnen (2) um L_2. Vorläufiger Abschluß: Die Ejektionsbahn (Fortschleuderungsbahn) in der Masse m_2 (Bahn 3) mit unendlich großer Geschwindigkeit von und in m_2. *Burrau* hatte hier die Untersuchung unterbrochen, weil er meinte, daß die Klasse sich jetzt in kompliziertere Bahnen verlieren würde. In den letzten Jahren haben wir die Untersuchung fortgesetzt, und zwar mit folgendem Resultat: Nach der Ejektionsbahn kommt eine Bahn mit einer Schleife (Bahn 4); diese Schleife erweitert sich, wenn man die Entwicklung weiter verfolgt, während die Bahn selbst kleiner wird; nach und nach kommen wir zu einer Bahn (5), wo die Bahn und die Schleife beinahe gleich groß sind, und schließlich fallen die Bahn und die Schleife zusammen. Von nun an geht die Entwicklung folgendermaßen vor sich: Die Bahn wird zur Schleife, und die Schleife geht in die Bahn über; das Ganze vollzieht sich nun in der umgekehrten Reihenfolge, und die Entwicklung endet wieder im Librationspunkte L_2, wo sie einmal anfing. Als Resultat erhalten wir also eine in sich selbst abgeschlossene Bahnklasse.

Klasse b. Retrograde periodische Bahnen um L_3. Vollständig analog der Klasse a.

Klasse c. Retrograde periodische Bahnen um L_1 (Fig. 3). Sie beginnen im Librationspunkt L_1. Danach folgen infinitesimale (1), dann endliche Librationen, die ihren vorläufigen Abschluß in einer Doppelejektionsbahn (2) finden. Die Klasse kann als Bahn mit Schleifen um m_1 und m_2 fortgesetzt werden. Die weitere Entwicklung dieser

Klasse ist analog der Entwicklung von Klasse f (siehe weiter unten).

Klasse d. Retrograde periodische Bahnen um L_4. Existieren für spezielle Massenverhältnisse $m_1 : m_2$, doch nicht für das in unseren Arbeiten gewählte ($m_1 = m_2$).

Klasse e. Retrograde periodische Bahnen um L_5. Wie bei Klasse d.

Klasse f. Retrograde periodische Bahnen um m_2 (Fig. 5). Die Klasse beginnt mit infinitesimalen kreisförmigen Bahnen um m_2 mit unendlich großer Bahngeschwindigkeit. Die Entwicklung zur Ejektionsbahn in m_1 geht aus Fig. 5 hervor. Die weitere Entwicklung ist jetzt bekannt. Sie wird in Abb. 34 angedeutet: eine spiralförmige Bewegung mit einer unendlichen Anzahl Windungen, in das Unendliche sich entfernend.

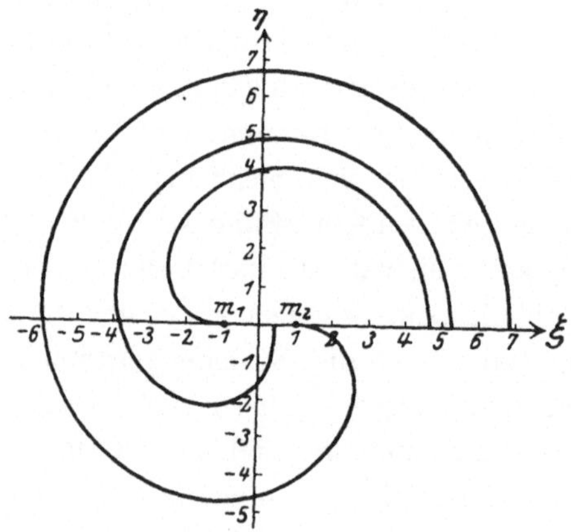

Abb. 34. Klasse f im problème restreint.

Klasse g. Direkte periodische Bahnen um m_2 (Fig. 4). Die Entwicklung von infinitesimalen Kreisbahnen mit unendlicher Bahngeschwindigkeit zu einer Ejektionsbahn in m_2 geht aus Fig. 4 hervor. Die fernere Entwicklung der Klasse ist noch ein großes Stück weiter verfolgt worden, ohne daß man bis jetzt den definitiven Abschluß gefunden hätte.

Klasse h. Retrograde periodische Bahnen um m_1. Wie bei Klasse f.

Klasse i. Direkte periodische Bahnen um m_1. Wie bei Klasse g.

Klasse k. Direkte periodische Bahnen um beide Massen m_1 und m_2 (Fig. 6, 7 und 12). Wir können von der Doppelejektionsbahn (1), Fig. 6, ausgehen. Wenn wir die Bahnklasse außerhalb der Massen m_1 und m_2 (Unterklasse k_1) verfolgen, dann finden wir die Bahnen (2), (3) und (4) in Fig. 6 und Bahn (6) links in Fig. 7. Die Klasse endet in einer spiralförmigen Bewegung, die asymptotisch (mit unendlich kleiner Geschwindigkeit) in die Librationspunkte L_4 und L_5 hineinläuft, bzw. davon ausgeht (Fig. 7 links und eine der Bahnen in Fig. 12). Wir kehren jetzt zu der Ejektionsbahn in Fig. 6 zurück und folgen der Klasse als Bahnen mit Schleifen um die Massen m_1 und m_2 (Unterklasse k_2, Fig. 7 rechts). Diese Unterklasse endet ganz wie k_1 asymptotisch in L_4 und L_5 (Fig. 7 rechts und eine andere Bahn in Fig. 12). Also: Die ganze Klasse k bildet eine für sich abgeschlossene Klasse.

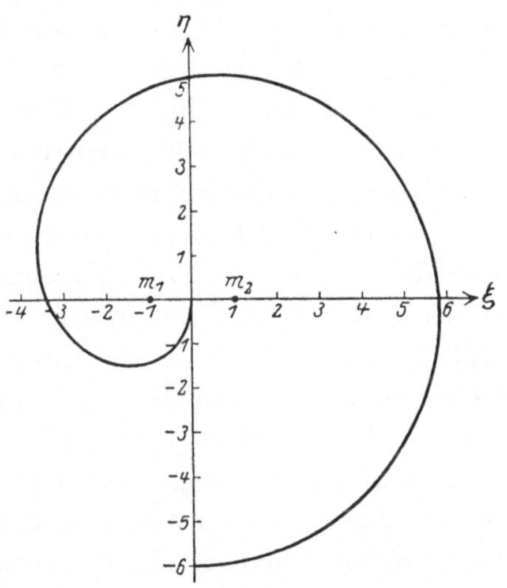

Abb. 35. Eine Bahn in der Entwicklung der Klasse c.

Klasse l. Retrograde periodische Bahnen um beide Massen m_1 und m_2 und mit direkter Bewegung im absoluten Koordinatensystem (Fig. 8). Unendlich weit entfernt finden sich kreisförmige Bahnen um beide Massen (mit unendlich kleiner Bahngeschwindigkeit im absoluten Koordinatensystem). Wenn wir gegen m_1 und m_2 vorrücken, werden die Bahnen flacher. Die Entwicklung sieht man in Fig. 8: Die Bahnen (1), (2), (3), (4), wovon die letzte wieder eine asymptotische Bewegung zu L_4 und L_5 vorstellt (vgl. auch die äußerste Bahn in Fig. 12). Also Resultat: Wiederum eine in sich selbst abgeschlossene Bahnklasse.

Fig. 9 gibt an, wie eine Bahn durch eine Reihe Schleifen in eine asymptotische Bahn übergeht (die Klassen k und l). Siehe das Nähere in „Drei Jahrzehnte Himmelsmechanik auf der Kopenhagener Sternwarte".

Klasse m. Retrograde periodische Bahnen um beide Massen m_1 und m_2 mit retrograder Bewegung im absoluten Koordinatensystem. Die Entwicklung dieser Klasse geht aus Fig. 10 hervor. Unendlich entfernt kreisrunde Bahnen mit unendlich langsamer Bewegung (im absoluten Koordinatensystem); danach flachen sich die Bahnen mit stets wachsender Bahngeschwindigkeit ab. Abschluß: geradlinige Bewegung zwischen m_1 und m_2 mit unendlich großer Geschwindigkeit in jedem Punkt der Bahn. Also wiederum: Eine in sich selbst abgeschlossene Bahnklasse.

Klasse n. Retrograde librationsähnliche periodische Bahnen, unsymmetrisch in bezug auf die η-Achse (Fig. 11). Gehen wir von der Bahn (1) in Fig. 11 aus und durch die Ejektionsbahn in m_1, dann finden wir eine Entwicklung, die an Klasse *a* erinnert. Gehen wir in entgegengesetzter Richtung, dann kommen wir zum Schluß durch eine Ejektionsbahn in m_2 zurück zu derselben Bahn. Resultat: Wiederum eine in sich selbst abgeschlossene Klasse.

Klasse o. Eine andere Klasse retrograder, librationsähnlicher periodischer Bahnen (Fig. 14). Diese Klasse hat die beiden asymptotischen Bahnen (3) und (4) — von innen gerechnet — in Fig. 12 als Grenzbahnen.

Fig. 12 stellt das System der bestehenden periodischen Bahnen dar, die gleichzeitig asymptotisch in L_4 und L_5 verlaufen, und die teilweise schon besprochen sind (unter den Klassen k, l und o).

Es muß noch bemerkt werden, daß in unserem Problem, wo $m_1 = m_2$ ist, sich wohl Bahnen finden, die asymptotisch zu den Librationspunkten L_1, L_2 und L_3 sind (wenngleich nicht spiralförmig), doch keine, die gleichzeitig periodisch sind. Diese Probleme sind daher nur von einem verhältnismäßig geringen Interesse.

* * *

Die Übersicht über die einfach-periodischen Bahnen und die einfacheren asymptotischen Bewegungen im problème restreint für das gewählte Massenverhältnis, die durch unsere Tafel gegeben und oben näher skizziert sind, kann jetzt als beinahe vollständig bezeichnet werden. Und diese Übersicht gibt uns die Triangulation eines wissenschaftlichen Gebietes, wo unsere Kenntnisse vor drei Jahrzehnten mit unserem Wissen über das Innere Afrikas im 18. Jahrhundert verglichen werden könnten.

Und das allgemeine Dreikörperproblem? Daß sich wenigstens eine ganze Reihe unserer Resultate auch auf die allgemeineren Fälle des Dreikörperproblems übertragen lassen, bei denen alle drei Massen endliche Werte haben, geht aus Untersuchungen hervor, die durch Fig. 13 veranschaulicht werden. Drei endliche Massen im Verhältnis 1 : 2 : 1, mit

Bewegungen, die genau den drei Librationen um L_3, L_1 und L_2 entsprechen, und die man auch bis zu den Ejektionsbahnen und darüber hinaus verfolgen kann.

* * *

Doch wir kehren zu *Jules Verne* und Präsident *Barbicane* zurück. Wir wissen jetzt, daß die Bewegung in der Bahn, die das Projektil des Gun-Klubs mit seinen Passagieren, dem kenntnisreichen Präsidenten *Barbicane,* dem kritischen Mr. *Nicholl* und dem optimistischen Franzosen *Michel Ardan* im Raum beschreiben mußte, nicht mit Hilfe der einfachen Gleichung der lebendigen Kraft berechnet werden kann. Es gehört mehr dazu! Doch auf der anderen Seite haben die hier mitgeteilten Untersuchungen über Bahnformen im Dreikörperproblem weite Perspektiven über Reiserouten im Weltenraum eröffnet, bei denen dem Präsidenten des Gun-Klubs und seinem unermüdlichen, nie ruhenden Sekretär, Mr. *J. T. Maston,* dem Mann mit der eisernen Klaue und dem Guttaperchaschädel (süße Erinnerungen aus dem Kriege), das Wasser im Munde zusammengelaufen wäre.

Um eine so nahe Anknüpfung wie möglich an das obenbehandelte Problem zu bekommen, wollen wir uns ein System von zwei Sternen mit gleich großen Massen vorstellen, die sich in kreisförmigen Bahnen um einen gemeinsamen Schwerpunkt bewegen. Wir können dann für ein von dem einen Stern fortgeschleudertes Projektil, mit Hilfe der verschiedenen Figuren unserer Tafel, eine Reihe von so abwechslungsreichen Reiseprogrammen zusammensetzen, daß die Leiter sämtlicher Reisebüros der ganzen Welt vor Neid erbleichen müßten.

Die auf ihre Art einfachste aller Reisen von dem einen unserer Sterne zu dem andern sehen wir in Fig. 10, die uns eine geradlinige Bahn von m_1 nach m_2 und zurück zeigt. Doch setzt diese Route unendlich große Geschwindigkeit in allen Punkten der Bahn voraus, eine Voraussetzung, die nicht einmal die gesamte Energie und Erfindungsgabe und alle Geldmittel des Gun-Klubs hätten zustande bringen können. Doch auf der anderen Seite würde dieses Reiseprogramm unser Projektil in einer unendlich kurzen Zeit zum Ziele bringen; in der Praxis heißt das, daß wir in demselben Augenblick am Ziele sein würden, in dem wir aufbrachen. Und für den, der Ausflüge in den interstellaren Weltenraum planen will, kommt es darauf an, Zeit zu sparen.

Aber es gibt noch viele andere Möglichkeiten, und in all den anderen Ejektionsbahnen (Fortschleuderungsbahnen), die im Vorhergehenden beschrieben sind, wird die unendliche Geschwindigkeit nur bei der Abreise und der Ankunft vorausgesetzt, und dies obendrein nur dann, wenn wir das abstrakte Gedankenexperiment vornehmen, von einem Massenpunkt zu starten. In der Praxis beginnen wir die Reise natürlicherweise von der einen oder anderen Stelle auf der Oberfläche des Himmelskörpers und mit einer endlichen Geschwindigkeit, die sich leicht berechnen läßt.

Auf Fig. 6 sehen wir eine neue Möglichkeit: Auf die ständig drehende Verbindungslinie zwischen unseren beiden Sternen bezogen geht der Weg von m_2 nach m_1 durch eine kleine Schleife ein Stück oben auf der η-Achse.

Wir können auch eine andere, höchst sonderbare Reiseroute wählen. Um von m_2 nach m_1 zu kommen, können wir, wie Fig. 3 in der großen Tafel zeigt, die Reise in einer Richtung beginnen, die ganz genau entgegengesetzt der Richtung gegen m_1 hin liegt! Wir sehen, daß die Bahn allmählich umbiegt, in einem großen Bogen nach unten geht und zuletzt trotzdem auf dem Nachbarstern endet.

Doch wir müssen auch an die Vielen denken, die mit dem Himmelskörper, auf dem sie wohnen, zufrieden sind und nur einen mehr oder weniger ausgedehnten Ausflug in den Weltenraum vorzunehmen wünschen. Da kann man einen von drei Wegen empfehlen: entweder die in Fig. 2 und 4 gezeichneten, die die Reisenden ohne besonders merkwürdige Erlebnisse auf eine Tour in den Weltenraum führen und wieder nach Hause bringen, oder den, der in Fig. 5 gezeigt wird, und der uns ganz hinüber auf die entgegengesetzte Seite des anderen Sterns führt und zurück. Für die Allerverwegensten könnten eine Menge verschiedener Routen gewählt werden, die definitiv von zu Hause fortführen, buchstäblich hinaus in die Unendlichkeit.

Und in Fig. 12 sehen wir eine Reise ganz besonderer Art illustriert, eine Bahn, die zwischen den beiden äußersten in der Fig. gezeichneten Bahnen gedacht werden soll, der zweitäußersten sehr nahe. Die Abreise geht mit sehr großer Geschwindigkeit von m_2 vor sich (natürlicherweise unendlich, wenn wir von einem Massenpunkt starten). In einem großen Bogen werden wir in die Nähe des Librationspunktes L_5 fortgeschleudert, dem wir uns später in einer spiralförmigen Bahn mit stetig abnehmenden Spiralen und mit stetig abnehmender Geschwindigkeit nähern, auf eine solche Weise, daß wir n a c h u n e n d l i c h l a n g e r Z e i t im Librationspunkt, den wir nie wieder verlassen, zur Ruhe kommen.

Doch diese Reise paßt nur für kontemplativere Naturen. Sie würde den Tatendrang unserer Gun-Klub-Freunde kaum befriedigt haben, wenn sie auch von anderen Gesichtspunkten aus alles übertrifft, was sie sich in ihrer sonst tadellos lebhaften Phantasie geträumt hatten. Doch vielleicht hätten sie den einen oder den anderen gehabt, dem sie eine solche Reise gerne gegönnt hätten!

VIII. Vom Licht als Energieform.

Licht ist eine Form von Energie. Wir kennen verschiedene Formen von Energie: Bewegungsenergie und potentielle Energie. Von einem Körper mit der Masse m, der sich mit einer Geschwindigkeit v bewegt, wird gesagt, daß er die Bewegungsenergie $\frac{1}{2} m v^2$ hat.

Ein Stein, der senkrecht nach oben geworfen wird, wird in jedem Augenblick eine bestimmte Bewegungsenergie haben, die seiner Geschwindigkeit entspricht. Die Bewegungsenergie des Steins wird nach und nach abnehmen; das können wir an ihm beobachten: er bewegt sich langsamer und langsamer. Da liegt es nahe, zu fragen, wo die Bewegungsenergie des Steins bleibt, selbst wenn vorläufig vielleicht noch nicht so viel Sinn in der Frage liegt. Zuerst untersuchen wir die Luft, die der Stein durcheilt hat, und finden, daß ein Teil der Luftmolekeln wirklich eine größere Bewegungsenergie erhalten hat; doch zeigt es sich, daß der Stein weit mehr Bewegungsenergie verloren hat, als die Luftmolekeln empfangen haben.

Die gesamte Bewegungsenergie hat tatsächlich abgenommen, und wir beantworten die Frage nach ihrem Verbleib dadurch, daß wir sagen, daß sie zu potentieller Energie geworden ist. Wir definieren mit anderen Worten die potentielle Energie so, daß die Summe der Bewegungsenergie und der potentiellen Energie konstant sein soll (der Energiesatz). Dies ist vorläufig nur eine Definition; doch nun zeigt es sich, daß die potentielle Energie nur von den gegenseitigen

Stellungen der Körper zueinander abhängt und in zahlreichen Fällen direkt bei jeder einzelnen Stellung der beobachteten Körper berechnet werden kann, und hierin liegt die große Bedeutung des Energiesatzes (im Beispiel von dem Stein zeigt sich z. B., daß die durch die Anziehung zwischen der Erde und dem Stein bedingte potentielle Energie dem Abstand zwischen dem Stein und dem Zentrum der Erde umgekehrt proportional ist).

Wir wollen die Energieverhältnisse in einem glühenden Körper betrachten. In jedem Augenblick wird im Körper eine bestimmte Bewegungsenergie vorhanden sein, die daher kommt, daß die einzelnen Molekeln bestimmte Geschwindigkeiten haben, und eine gewisse potentielle Energie, die der gegenseitigen Stellung der Molekeln zueinander in diesem Augenblick entspricht. Es zeigt sich, daß die Summe der Bewegungsenergie und der potentiellen Energie (die gesamte Energie) in dem glühenden Körper abnimmt, während sie in der Umgebung des Körpers zunimmt. Es entsteht ein Energieverlust in dem glühenden Körper und eine Energiezunahme in den Umgebungen, sodaß auf die Weise der Energiesatz Gültigkeit hat. Und doch scheint er keine vollkommene Gültigkeit zu haben. Wenn wir das Experiment genügend schnell machen, werden wir entdecken, daß jeder Energieverlust in dem glühenden Körper durch einen Energiegewinn in den Umgebungen ersetzt wird, doch erst nach Verlauf einer ganz kurzen Zeit, die abhängig ist von dem Abstand von dem glühenden Körper. Wir drücken dies dadurch aus, daß wir sagen, daß der glühende Körper Energie in Form von Licht aussendet; das Licht pflanzt sich mit endlicher Geschwindigkeit fort, und die Umgebungen nehmen Energie auf in Form dieses ausgesandten Lichtes.

So sind wir zu der Auffassung des Lichtes als einer Energieform gelangt. Das Licht wird ausgesandt, pflanzt sich mit Lichtgeschwindigkeit fort und wird aufgenommen (absorbiert). Die Kenntnis von der Natur des Lichtes bedeutet die Kenntnis dessen, wie die Aussendung, Ausbreitung und Absorption des Lichtes vor sich geht.

Das Licht wird von Atomen (oder von Molekeln) ausgesandt. Die Atome sind aus den elektrisch negativ geladenen Elektronen und den elektrisch positiv geladenen Protonen aufgebaut. Ein Atom enthält eine gewisse Energie: Bewegungsenergie, und weiter potentielle Energie, auf Grund der wechselseitigen Kraftwirkungen zwischen Elektronen und Protonen. Ein Teil dieser Energie rührt von der Bewegung des Atoms als Gesamtheit her. Ziehen wir diese ab, dann bleibt ein Rest zurück, die innere Energie.

Von dieser inneren Energie sagen *Bohrs* Grundpostulate für die Quantentheorie aus, daß sie nur bestimmte diskrete Werte annehmen kann (einer der für die innere Energie möglichen Werte ist der kleinste; der diesem Wert entsprechende Zustand des Atoms wird Normalzustand genannt). Verringert sich oder erhöht sich die innere Energie, kann es nur in Sprüngen geschehen, die als Differenzen zwischen diesen Energiewerten bestimmt sind.

Sendet das Atom Licht aus, dann wird sich die innere Energie des Atoms verringern, und dies kann, wie gesagt, nur in Sprüngen von einer bestimmten Größe geschehen. Die Energieverminderung im Atom entspricht der Energie des ausgesandten Lichtes, und diese hat bestimmte Werte, die für das betreffende Atom charakteristisch sind. Das Licht wird in Gestalt von Lichtquanten mit bestimmter Energie ausgesandt.

Absorbiert das Atom Licht, dann wird sich seine innere

Energie erhöhen, und dafür gelten entsprechende Überlegungen, wie bei der Aussendung von Licht.

Bohrs Grundpostulate sagen ferner aus, daß Lichtquanten mit einer bestimmten Energie E sich in Prismen brechen werden und sich überhaupt in unseren optischen Apparaten so verhalten, wie sich (nach der klassischen Wellentheorie können wir das berechnen) elektrische Wellen (Radiowellen) mit einer Schwingungszahl ν, ausgedrückt durch $\nu = \frac{E}{h}$ (h ist eine universelle Konstante, *Plancks* Konstante), verhalten würden.

In der klassischen Wellentheorie des Lichtes entspricht die Schwingungszahl ν der Farbe des Lichtes. In der Quantentheorie ist die Farbe durch die Energie des einzelnen Lichtquantes bestimmt (je kleiner die Energie, desto mehr nähert die Farbe sich dem Roten).

Läßt man weißes Licht durch ein Prisma gehen, wird es sich in ein Spektrum auflösen: Für das Auge wird es wie ein gefärbtes Band aussehen, indem jede Farbennuance, woraus sich das weiße Licht zusammensetzt, dadurch, daß sie durch das Prisma geht, in ihrer Richtung in einem ganz bestimmten Winkel abgelenkt wird.

Lösen wir weißes Licht auf, indem wir es durch ein Prisma gehen lassen, werden wir mit anderen Worten alle die verschiedenen Lichtquanten trennen, woraus es besteht, auf die Weise, daß die Lichtquanten mit großer Energie am stärksten abgelenkt werden, und so, daß die Ablenkung durch die Energie des Lichtquantes eindeutig bestimmt ist.

Ein Atom sendet, wie wir gesehen haben, Lichtquanten mit ganz bestimmtem Energieinhalt aus, die für das Atom charakteristisch sind. Wir müssen also erwarten, daß die Lichtquanten der Atome eines bestimmten Elementes in ganz bestimmten Richtungen abgelenkt werden, wenn sie durch ein Prisma gehen. Das ist auch der Fall. Jedem Element entspricht ein Linienspektrum, aus einer Reihe scharfer Linien bestehend, dem bestimmten Energieinhalt der durch die betreffenden (gegenseitig gleichen) Atome ausgesandten Lichtquanten entsprechend.

* * *

Das Atom besteht aus Elektronen und Protonen in gleich großer Anzahl und ist also nach außen elektrisch neutral.

Wir stellen uns ein solches Atom im Normalzustand vor, wo seine innere Energie am geringsten ist. Nun wollen wir seine innere Energie erhöhen. Das kann dadurch geschehen, daß man es mit Licht von anderen Atomen vom gleichen Element bestrahlt, das Lichtquanten mit gerade so großer Energie aussendet, wie das Atom aufnehmen kann, indem seine innere Energie in einem Sprung erhöht wird. Doch kann es auch, wie Versuche gezeigt haben, dadurch geschehen, daß man freie Elektronen mit dem Atom zusammenstoßen läßt. Vor dem Zusammenstoß hatte das Elektron eine gewisse Bewegungsenergie, und das Atom hatte ebenfalls eine bestimmte Bewegungsenergie, und außerdem seine innere Energie. Nach dem Stoß hat die gesamte Bewegungsenergie abgenommen, und die innere Energie des Atoms ist um genau soviel größer geworden. Auch hier gilt die Regel, daß die innere Energie des Atoms nur in Sprüngen verändert werden kann.

Es kann jedoch geschehen, wenn die Bewegungsenergie des stoßenden Elektrons hinreichend groß ist, daß eins der eigenen Elektrone des Atoms sich von diesem losreißt. Das geschieht, indem die Bewegungsenergie des stoßenden Elektrons so viel abnimmt (in einem Sprung), daß das Atom die entsprechende innere Energie nicht aufnehmen kann, sondern zerplatzt, und zwar gerade so, daß sich ein Elektron losreißt.

Das ursprüngliche Atom ist zu zwei Partikeln geworden: Ein Elektron hat sich losgerissen, und ein positiv geladenes Ion hat sich gebildet. Der Prozeß wird Ionisation genannt.

Wir wollen das Elektron und das Ion als *ein* System betrachten. Das System enthält eine gewisse Energie. *Doch kann diese Energie eine Reihe kontinuierlicher Werte annehmen, im Gegensatz zu der inneren Energie des Atoms.* Wenn nun die Energie dieses Systems, in Übereinstimmung mit der inneren Energie des Atoms, sprungweise abnehmen kann, indem gleichzeitig ein Lichtquant entsandt wird, dann wird die Möglichkeit zur Bildung eines kontinuierlichen Spektrums vorhanden sein, da ja das Linienspektrum nur dadurch entstand, daß die innere Energie der Atome, die es aussenden, diskrete Werte annimmt.

Man kann sich zwei wesensverschiedene Zustände vorstellen, worin diese Energieabnahme bei dem System Elektron-Ion resultiert. Die Energie des entsandten Lichtquantes kann kleiner sein als die Bewegungsenergie des Elektrons; das Elektron wird sich dann nur langsamer bewegen. Ist die Energie eines Lichtquantes dagegen größer als die Bewegungsenergie des Elektrons, wird das Elektron von dem Ion „eingefangen" werden und mit ihm wieder ein neutrales Atom bilden. Die Energie des Lichtquantes ist dann gleich der Bewegungsenergie des Elektrons vor dem Einfangen, vermehrt um die Verringerung der inneren Energie bei dem Einfangen. Diesem Mechanismus für die *Emission* eines kontinuierlichen Spektrums entsprechend müssen wir uns einen *Absorptions*mechanismus vorstellen. Wir denken uns diesen Absorptionsmechanismus als das „Umgekehrte" des

Entsendungsmechanismus: 1. Ein System, aus einem Ion und einem Elektron bestehend, kann das Lichtquant absorbieren, indem sich die Bewegungsenergie des Elektrons erhöht; oder 2. ein Atom kann ionisiert werden, und das losgerissene Elektron erhält eine gewisse Bewegungsenergie. Dieser zuletzt besprochene Absorptionsmechanismus, wodurch ein Lichtquant absorbiert wird, indem das absorbierende Atom ionisiert wird und das losgerissene Elektron sich mit einer gewissen Geschwindigkeit entfernt, wird der lichtelektrische Effekt genannt.

Zusammenfassend können wir sagen, daß Licht in Form von Lichtquanten entsandt wird (deren Energieinhalt mitbestimmend für ihr „optisches Verhalten" ist), entweder von einem Atom, indem er von irgendeinem bestimmten Energieinhalt zu einem anderen übergeht (Linienspektrum), oder auch von einem Elektron-Ion-System (kontinuierliches Spektrum). Licht wird durch einen Mechanismus absorbiert, der „der umgekehrte" vom Entsendungsmechanismus ist.

Energie hat Masse; das ist eins der Hauptresultate der Relativitätstheorie. Wenn ein Atom ein Lichtquant absorbiert, wird es einen Stoß in der Fortpflanzungsrichtung des Lichtes erhalten, und zwar von derselben Größe, als wenn es von einem Partikel mit derselben Bewegungsmenge wie der des Lichtquantes getroffen wäre. Das äußert sich unter anderem dadurch, daß das Licht, wenn es von einer Fläche absorbiert wird, auf diese einen Druck, den Lichtdruck, ausüben wird.

Die Masse der Lichtenergie wird von der materiellen Masse angezogen. Eine Folge hiervon ist die Ablenkung der Lichtstrahlen am Sonnenrande.

Ein Lichtquant, welches von einer großen Masse, einem Stern, ausgesandt wird, wird von dieser angezogen werden.

Doch wird er nicht, so wie ein Stein, den man fortwirft, kleinere und kleinere Geschwindigkeiten erlangen; ein Lichtquant wird sich immer mit der konstanten Lichtgeschwindigkeit fortpflanzen. Statt dessen wird seine Lichtenergie immer geringer werden, d. h. nach den Grundpostulaten wird das Lichtquant „röter" werden. Dieser Effekt wird die *Einstein*sche Rotverschiebung genannt.

* * *

Kühlen wir einen glühenden Körper ab, so sehen wir, teils daß er weniger Licht entsendet, und teils, daß sein Licht röter wird. Haben wir eine Lichtquelle, z. B. ein Gas bei hoher Temperatur, die von der Umwelt abgesondert ist, z. B. dadurch, daß sie von vollständig spiegelnden Wänden umgeben ist, und lassen wir sie, in dieser Weise abgesperrt, einen Gleichgewichtszustand erreichen (so daß pro Sekunde eine gewisse Anzahl Lichtquanten von Atomen in der Gasmasse entsandt werden, und pro Sekunde ebenso viele Lichtquanten von Atomen in dem Gas absorbiert werden, in dem die Anzahl der Lichtquanten, die in unserem Raume „frei vorkommen", konstant ist), dann können wir die Strahlung, die die Atome des Gases aussenden, genau charakterisieren. Sie hängt nur von der Temperatur des Gases ab, nicht z. B. von dem Druck, oder davon, was für ein Gas es ist. Wir können genau angeben, wieviel Lichtquanten einer bestimmten Art entsandt werden (d. h. von einem bestimmten Energieinhalt), wir kennen mit anderen Worten die „Intensität" und „Farbe" des Lichtes.

Ferner zeigt die Theorie, daß wir den Druck berechnen können, den das Licht auf die spiegelnden Wände ausübt. Auch dieser hängt nur von der Temperatur des Gases ab. Diese Verhältnisse sind, wie wir im nächsten Kapitel sehen werden, von großer Bedeutung auf dem Gebiete der Anwendung der Physik in der Astronomie.

* * *

Wir kennen das Licht nur durch seine Wirkung auf die Atome: Das, was wir als Licht wahrnehmen, sei es, daß es sich um Aussendung oder Absorption handelt, sind nur Veränderungen in Atomsystemen. Die Atomsysteme verändern ihre Energie, und sie erhalten Stöße, so daß sie ihre Bewegungsrichtung verändern, sie werden zerteilt in Ionen und Elektronen. Die Auffassung, daß das Licht ein gekoppelter Prozeß zwischen zwei Atomen sein sollte, liegt sehr nahe: Wir fassen Lichtentsendung und Absorption in einem einfachen Prozeß zusammen, der darin besteht, daß ein Atom eine gewisse Energie verliert und einen gewissen Stoß erhält, während ein zweites Atom, nach Ablauf einer Zeit, die nur von dem Abstand zwischen den beiden Atomen abhängt, gerade so viel Energie gewinnt, und einen Stoß in der entgegengesetzten Richtung erhält. Diese Auffassung ist konsequent, insofern, als sie alles umfaßt, was wir direkt an Eigenschaften des Lichtes beobachtet haben. Doch enthält sie nichts darüber, welche Atome zur Entsendung und Absorption von Licht zusammenwirken, d. h. in welchen Richtungen das Licht in unseren optischen Apparaten sich ausbreitet; und diese Ausbreitung geht nach bestimmten Gesetzen vor sich, das wissen wir.

Gerade für astronomische Verhältnisse kann die besprochene Auffassung paradox erscheinen: Daß das Licht eines Sternes ein direkt gekoppelter Prozeß zwischen Atomen auf dem Stern und auf der Erde sein sollte, klingt ja merkwürdig. Wie gewöhnlich bedeuten aber die ungeheuren Abstände nichts Prinzipielles; was im Laboratorium richtig ist, dürfen auch die Astronomen mit Recht anwenden.

IX. Der Bau der Sterne.

Die Sterne befinden sich beständig im Gleichgewicht — diesen Schluß folgern wir aus der Unveränderlichkeit des Lichtes, das sie entsenden. Es gibt Ausnahmen: gewisse Klassen veränderlicher Sterne, doch von diesen wollen wir hier nicht reden.

Messen wir die scheinbare Lichtstärke eines Sternes, dann haben wir einen Ausdruck für die Strahlungsenergie, die vom Stern ausgeht und uns erreicht; kennen wir außerdem den Abstand, dann können wir die gesamte Energieausstrahlung, die vom Stern ausgeht, berechnen.

Mit Hilfe eines Prismas können wir das Licht von einem Stern in ein Spektrum auflösen. Normal ist es ein kontinuierliches Spektrum mit Absorptionslinien darin, d. h. ganz schmale Gebiete im Spektrum, wo die Strahlungsenergien bedeutend geringer sind, als in den Teilen des kontinuierlichen Spektrums, die auf beiden Seiten liegen.

Die Temperatur in der Schicht des Sternes, dessen Licht wir wahrnehmen (die alleräußerste Schicht), ist allein bestimmend für die Energieverteilung in dem kontinuierlichen Spektrum (siehe Kap. VIII). Messen wir die Energieverteilung im Spektrum, dann können wir die Temperatur bestimmen.

Ferner ist es in vereinzelten Fällen möglich, die Masse der Sterne zu bestimmen (siehe Kap. III).

Diese Größen: die gesamte Energieausstrahlung, die Temperatur in der äußersten Schicht und in einigen Fällen die Masse, die sind das Beobachtungsmaterial, das zu unserer Verfügung steht. Mit Hilfe dessen und mit Hilfe unseres physikalischen Wissens wollen wir versuchen, uns ein Bild vom Aufbau eines Sternes zu machen.

Die moderne Theorie für das Sterninnere, so wie sie von *Eddington* geformt ist, hat uns zu der Annahme geführt, daß in den Sterninneren sehr hohe Temperaturen herrschen, Temperaturen von vielen Millionen Graden. Das ist für unsere Vorstellungen über den Mechanismus des Sterninnern von der allergrößten Bedeutung.

Es ist in Kap. VIII erwähnt worden, wie ein Atom ionisiert werden kann. Das hierbei gebildete Ion kann „weiter ionisiert werden", indem sich noch weitere Elektronen durch denselben Mechanismus losreißen können. Dies geschieht bei hohen Temperaturen, und rechnet man aus, wie weit die Ionisierung im Innern irgendeines Sternes fortgeschritten ist, dann zeigt sich, daß z. B. ein Natriumatom in zwölf Partikel gespalten ist, Eisen in 25, Zinn in 47 usw. Das bedeutet, daß der Radius der Partikel bedeutend kleiner wird. Ein Atom bildet mit seinem Kern und seinen äußeren Elektronen ein starres System mit einem Radius von 10^{-8} cm. Wenn aber, wie es hier geschieht, die äußeren Elektronen beinahe abgespalten werden, wird der Radius viel kleiner, für Eisen z. B. $2 \cdot 10^{-10}$ cm. Das Ergebnis ist, daß der Stoff im Innern eines Sternes zu sehr hohem Druck zusammengepreßt werden kann, ohne daß die kleinen Partikel gegeneinandergepreßt werden. Das bedeutet, daß der Stoff sich wie eine verdünnte Gasmasse verhalten wird, selbst bei dem herrschenden großen Druck. Für die verdünnten Gase gilt jedoch ein sehr einfaches Gesetz, die Zustandsgleichung zwischen Druck, Temperatur und spezifischem Gewicht. Wir können mit anderen Worten die bekannte Zustandsgleichung zwischen Druck, Temperatur und spezifischem Gewicht (*Gay-Lussac-Mariottes* Gesetz) für das Sterninnere anwenden.

Dies zeigt uns, daß der Zustand an einer Stelle des Sterninnern durch Druck und Temperatur allein bestimmt werden kann. Die Zustandsgleichung gibt uns das spezifische Gewicht und damit die Masse eines bestimmten Volumens. Kennen wir Druck und Temperatur überall im Stern, dann können wir die Masse pro Kubikzentimeter überall im Stern berechnen; d. h. wir kennen die Massenverteilung im Stern. Und damit kennen wir an jeder Stelle des Sternes die Schwerkräfte, die von der Anziehung der Gesamtmasse des Sternes herrühren.

Die Kenntnis von Druck und Temperatur an jeder Stelle eines Sternes ist hinreichend zum Verständnis für seinen Aufbau, und diese Kenntnis ist es, die wir suchen.

Auf der Oberfläche des Sternes kennen wir Druck und Temperatur. Der Druck ist ungeheuer klein, und die Temperatur ist ungefähr gleich der, die wir mit Hilfe des kontinuierlichen Spektrums messen. Es kommt also darauf an, einen Ausdruck für die Veränderung von Druck und Temperatur von einer Schicht zur anderen zu finden, wenn wir nach und nach in den Stern eindringen.

Dies ist möglich von der Voraussetzung aus, daß der Stern sich im Gleichgewicht befindet.

Das Gleichgewicht in einem Stern ist doppelter Natur. Es herrscht ein mechanisches Gleichgewicht: Jede Sternschicht ist von Kräften beeinflußt, die einander gegenseitig im Gleichgewicht halten, und es herrscht Energiegleichgewicht: In keiner Sternschicht kann eine Energieanhäufung stattfinden.

Die Kräfte, die auf eine dünne Kugelschale des Sternes wirken, sind: erstens die Gravitation (oben haben wir gesehen, wie wir diese durch den Druck und die Temperatur in jedem Punkte des Sternes ausdrücken können). Zweitens das, was man den Druckgradienten nennt (Drucksteigerung pro Längeneinheit) — diese Kraft rührt davon her, daß der Druck steigt, je weiter wir in den Stern hineinkommen, so daß sich ein größerer Druck nach außen hin auf der Innenseite der Kugelschale vorfindet, als nach innen auf der Außenseite der Kugelschale. Drittens, den Lichtdruckgradienten. Dieser entspricht dem Druckgradienten: Der Lichtdruck (der nur von der Temperatur abhängt und mit ihr steigt, siehe Kap. VIII) ist größer auf der Innenseite der Kugelschale als auf der Außenseite. Wir können diese Verhältnisse dadurch ausdrücken, daß wir sagen, daß die Gravitation versucht, den Stern zusammenzuziehen. Der Zusammendrückung wirkt eine gewisse Elastizität entgegen, die durch den Druck und den Lichtdruck bedingt ist, und dadurch wird ein gewisser Gleichgewichtszustand erreicht. Mathematisch bedeutet die Gleichgewichtsbedingung, daß wir eine Gleichung zwischen Druck und Temperatur und ihren Veränderungen erhalten, wenn wir uns in den Stern hineinbewegen.

Daß überall im Stern Energiegleichgewicht vorhanden ist, bedeutet, daß die Energie, die, wie wir annehmen müssen, im Sterninnern entsteht, bedingt, wieviel Lichtenergie nach außen strahlt: Betrachten wir eine dünne Kugelschale im Stern, dann soll die Energie, die in der Kugelschale geschaffen wird, gleich dem Nettostrom der Lichtenergie nach außen sein. Doch dieser Nettostrom kann auf eine andere Weise ausgedrückt werden. Durch unsere Kugelschale strömt Energie in beiden Richtungen. Ein Teil davon wird von der Kugelschale absorbiert (die Größe dieses Teiles wird zahlenmäßig durch den Absorptionskoeffizienten ausgedrückt). Durch diese Absorption empfängt die Kugelschale Stöße (siehe Kap. VIII) nach außen und innen, doch am meisten nach außen, weil mehr Energie nach außen strömt, und der Druck auf die Kugelschale, der durch alle diese Stöße entsteht, wirkt also nach außen und ist größer, je größer der Nettostrom nach außen ist, und größer, je größer der Absorptionskoeffizient ist. Dieser Druck nach außen ist aber gerade dem Unterschied im Lichtdruck gleich, der sich auf der Außen- und Innenseite der Kugelschale befindet. Wir können also den Nettostrom nach außen durch den Lichtdruckgradienten und Absorptionskoeffizienten ausdrücken. Das Energiegleichgewicht wird dadurch ausgedrückt, daß der Wert dieses Nettostromes der in der Kugelschale geschaffenen Energie gleichgesetzt wird.

Wir sehen, daß wir zwei Gleichungen gefunden haben, die uns instand setzen, Druck und Temperatur an jedem Punkt eines Sternes zu finden, wenn wir zwei Dinge kennen: den Absorptionskoeffizienten und die Verteilung der Energie, die im Stern erzeugt wird. Wir wissen nämlich, wieviel Energie im ganzen im Stern erzeugt wird; das ist gerade soviel wie der Stern ausstrahlt. Doch wissen wir nicht, wieviel in einer bestimmten Tiefe des Sternes erzeugt wird, ob die Energie vielleicht hauptsächlich in den innersten Teilen des Sternes entsteht.

Den Absorptionskoeffizienten (seine Abhängigkeit von Druck und Temperatur auf der betrachteten Stelle des Sternes) hat man berechnen können, auf der Grundlage der Mechanismen für Strahlung und Absorption, die wir in Kap. VIII kennengelernt haben, und unter gewissen anderen Voraussetzungen, auf die wir hier nicht näher eingehen können.

Über die Verteilung der Energiequellen im Stern wissen wir in Wirklichkeit gar nichts. Den Mechanismus, wodurch die Energie entsteht, kennen wir überhaupt nicht. Doch hat *Eddington* gezeigt, daß das Resultat im Hinblick auf die Verhältnisse im Innern ziemlich unabhängig ist von diesem Verteilungsgesetz, sodaß alle einigermaßen vernünftigen Annahmen ziemlich übereinstimmende Resultate ergeben und wir daher in bezug auf dies Problem die Frage gut unbeantwortet lassen können.

* * *

Wir wollen die Resultate, zu denen man gelangt ist, durch zwei Beispiele veranschaulichen: Capella, einen Riesen, und die Sonne, einen Zwerg.

	Capella	Sonne
Die Energieausstrahlung entspricht . .	$6 \cdot 10^{41}$ Pferdekräften	$5 \cdot 10^{39}$ Pferdekräften
Oberflächentemperatur[1]	5200 Grad	5700 Grad
Masse	$8 \cdot 10^{33}$ Gramm	$2 \cdot 10^{33}$ Gramm
Spezifisches Gewicht im Zentrum . . .	$^1/_8$ mal das spezifische Gewicht des Wassers	76 mal das spezifische Gewicht des Wassers
Radius.	$9{,}6 \cdot 10^{11}$ cm	$7{,}0 \cdot 10^{10}$ cm
Lichtdruck im Zentrum	17 Millionen Atmosphären	6000 Millionen Atmosphären
Temperatur im Zentrum	9 Millionen Grad	40 Millionen Grad

Wir haben gesehen, wie eine zusammenziehende Kraft im Inneren eines Sternes wirkt, die Gravitation, und eine elastische Gegenkraft, von dem gewöhnlichen Druck und vom Lichtdruck herrührend, die den Stern im Gleichgewicht halten. Die Theorie zeigt, daß das Verhältnis zwischen dem Lichtdruck und dem gesamten Druck im Sterninnern kon-

[1] Effektive Temperatur.

stant ist, und es kann berechnet werden, wenn wir die Masse des Sterns kennen.

Die untenstehende Tabelle zeigt, einen wie großen Teil des gesamten Druckes der Lichtdruck ausmacht, der der Gravitation entgegenwirkt.

Masse	Lichtdruck / Gesamtdruck	Gewöhnlicher Druck / Gesamtdruck
$^1/_{1000}$ der Sonnenmasse	0,00000006	0,99999994
$^1/_{100}$,, ,, ,, ...	0,000006	0,999994
$^1/_{10}$,, ,, ,, ...	0,0006	0,9994
die Sonnenmasse	0,05	0,95
10 mal die Sonnenmasse	0,47	0,53
100 ,, ,, ,, ,, ...	0,81	0,19
1000 ,, ,, ,, ,, ...	0,94	0,06

Die Tabelle zeigt, daß der Lichtdruck für sehr kleine Massen beinahe keine Rolle spielt. Für sehr große Massen spielt der gewöhnliche Druck keine Rolle. Doch dazwischen befindet sich ein Gebiet, wo sie von derselben Größenordnung sind.

Innerhalb dieses Gebietes befinden sich alle Sternmassen, die man kennt. Man nimmt an, daß die Ursache davon die folgende ist: Indem die Materie sich zu einem Stern vereinigt, wirkt die Gravitation beständig vergrößernd auf die Masse. Wenn diese aber wächst, wächst der Lichtdruck, der der Konzentration der Masse zu einem Stern entgegenwirkt.

Dies sind vage Theorien, daß aber der Lichtdruck auf irgendeine Weise eine Rolle spielt, auf jeden Fall ähnlich dem hier Angedeuteten, dafür liegt die Annahme nahe.

* * *

Eddingtons Theorie führt zu einer sehr wichtigen Gleichung zwischen den drei Größen: Masse, absoluter Lichtstärke (oder, wenn man will, gesamter ausgesandter Energie) und Oberflächentemperatur. Kennen wir die Oberflächentemperatur und die absolute Lichtstärke, dann können wir also die Masse berechnen. Dies hat große Bedeutung für unsere Auffassung von der Entwicklungsgeschichte der Sterne.

Für gewöhnlich denkt man sich die Entwicklung als von roten Riesen mit ganz geringem spezifischem Gewicht ausgehend, deren Temperatur steigt, während der Radius abnimmt, so daß sie das weiße Stadium erlangen und danach eine immer geringere Oberflächentemperatur annehmen, während der Radius beständig abnimmt und das spezifische Gewicht steigt, so daß ein Stern als roter Zwerg mit großem spezifischen Gewicht endet. Die wichtigste Stütze für diese Hypothese ist das *Russell*-Diagramm.

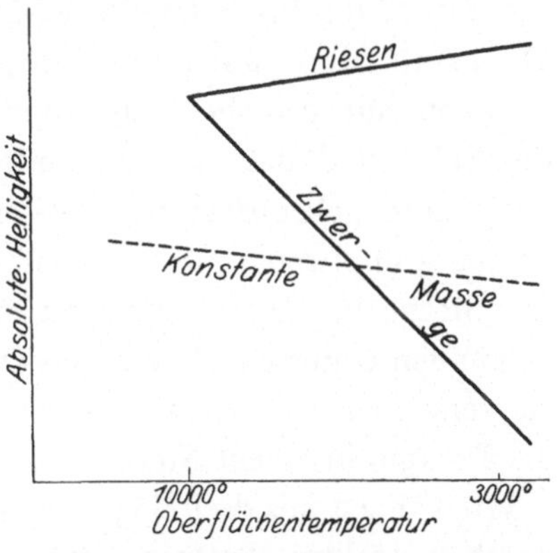

Abb. 36. Das *Russell*-Diagramm.

Darin wird der Ort eines Sternes durch seine absolute Lichtstärke (gesamte Energieausstrahlung) und seine Oberflächentemperatur (Farbe, siehe Abb. 36) bestimmt. In diesem Diagramm gruppieren die Sterne sich gerade um Linien, die der skizzierten Entwicklungsgeschichte entsprechen. Jedem Punkt in der Figur entspricht ferner eine bestimmte Masse (die aus den zu den Punkten gehörenden Werten für Lichtstärke und Oberflächentemperatur berechnet werden kann). Wir können also der Massenänderung eines Sternes mit der genannten Entwicklungsgeschichte folgen. Es zeigt sich, daß die Masse während der ganzen Entwicklung abnimmt, und daß sie sehr bedeutend abnimmt.

Es geht aus der Relativitätstheorie hervor, daß die Masse eines Sternes abnehmen muß, wenn sie Lichtenergie ausstrahlt. Doch die Frage ist, ob der Stern einen großen Teil seiner Masse (z. B. 90%) im Laufe der Entwicklung, die er durchmacht, verliert, oder ob er nur einen kleinen Teil derselben (z. B. 1%) verliert. Die erste Alternative entspricht dem, daß der Stern die Entwicklungsgeschichte durchläuft, die durch das *Russell*-Diagramm angegeben wird. Die zweite führt zu der Annahme, daß die Sterne sich längs Geraden mit beinahe konstanter Masse entwickeln (siehe die Abb.) und daß die Zustände, die durch das *Russell*-Diagramm gekennzeichnet werden (und um die sich die Sterne gruppieren), „stabile Zustände" bedeuten, bei denen die Sterne besonders lange verweilen.

Um den Unterschied zwischen diesen beiden Auffassungen zu verstehen, müssen wir zu der Frage zurückkehren, wie die Energie in einem Sterninnern geschaffen wird.

Wir können uns drei Möglichkeiten denken. Energie kann durch radioaktive Prozesse entstehen, durch Aufbau zusammengesetzter Elemente aus weniger zusammengesetzten, und endlich dadurch, daß die Masse einfach „verschwindet", z. B. dadurch, daß ein negatives Elektron und ein positives Proton „zusammenschmelzen" und einander aufheben. Die beiden ersten Möglichkeiten entsprechen dem, daß ein ganz kleiner Teil der Masse in Energie verwandelt wird (beim Aufbau von Helium aus Wasserstoff würde knapp 1% der Masse in Energie verwandelt werden), die letztere dem, daß ein großer Teil der Masse in Energie verwandelt werden könnte.

Die Auslegung des *Russell*-Diagramms als ein Entwicklungsdiagramm, der Annahme entsprechend, daß ein großer

Teil der Masse dadurch in Energie verwandelt wird, daß Protonen und Elektronen im Sterninnern zusammenschmelzen, scheint die am meisten befriedigende zu sein.

Diese Annahme wird auch durch andere Tatsachen gestützt. In den kugelförmigen Sternhaufen hat man gewaltige Sternsysteme, von denen wir Grund haben, anzunehmen, daß sie Sterne enthalten, die in jedem einzelnen Haufen ungefähr gleich alt sind. Ferner können wir aus theoretischen Betrachtungen auf die Altersreihenfolge der verschiedenen Sternhaufen schließen: Die jüngsten Sternhaufen sind stark konzentriert, und je älter sie sind, desto weniger konzentriert (desto „offener") sind sie. Wir können diese Sterne nun in ein *Russell*-Diagramm ordnen, und was mehr ist, wir können sagen, wo im Diagramm die jüngsten Sterne (Sterne aus konzentrierten Haufen) liegen, wo die etwas älteren sich befinden, und wo die ältesten Sterne (die Sterne aus den offenen Haufen) liegen. Es zeigt sich nun, daß die Sterne im *Russell*-Diagramm vorwärtsrücken, je älter sie werden: In den jüngsten Haufen finden sich noch keine Zwerge vor, wogegen die ältesten Haufen vorwiegend Zwerge enthalten. D. h. daß wir eine kräftige Stütze für unsere Annahme, daß das *Russell*-Diagramm die Entwicklungsgeschichte der Sterne angibt, erhalten haben, und damit zugleich für die Theorie, die annimmt, daß die wesentliche Energiequelle des Sterninnern die direkte Vernichtung von Elektronen und Protonen ist.

Der ernsthafteste Einwand gegen diese Theorie ist vielleicht der, daß die Verhältnisse in einem Sterninnern trotz allem denen, die wir hier auf der Erde kennen, so sehr ähneln, daß wir nicht verstehen können, wie so etwas Merkwürdiges wie das Zugrundegehen der Materie stattfinden kann. Ein wesentlicher Unterschied ist natürlicherweise die hohe Temperatur, doch die bedeutet eigentlich nur, daß die Partikel in einem Sterninnern sich etwas schneller herumbewegen, einige hundertmal mehr als in unserer Atmosphäre, und es ist schwierig, zu verstehen, daß dies soviel bedeuten kann. Doch wissen wir noch zu wenig, um hierüber mit Bestimmtheit etwas sagen zu können.

* * *

Die wichtigsten Resultate der Studien über das Sterninnere sind teils die Entwicklungstheorie, wie sie oben skizziert ist, und teils das Bild, welches wir uns von einem Stern im Strahlungsgleichgewicht gemacht haben: im Innern stark ionisierte Materie bei hohen Temperaturen und unter hohem Druck; ferner in den Zwergsternen hohe spezifische Gewichte, doch so, daß die Materie beständig den Gasgesetzen folgt. Wenn wir uns vom Zentrum entfernen, nehmen Druck und Temperatur ab. Die äußerste Schicht hat ungefähr die beobachtete Oberflächentemperatur (siehe die Tabelle auf S. 127) und sehr niedrigen Druck, der nach außen hin stark abnimmt. Diese äußersten, stark verdünnten Schichten sind nicht ganz im Strahlungsgleichgewicht. Die Strahlung, die durch diese nach außen strömt, wird dadurch etwas verändert. Es entstehen Absorptionslinien (siehe Kap. VIII), indem die Lichtenergie in anderer Weise über das Spektrum verteilt wird.

Diese Absorptionslinien geben uns Aufschluß darüber, welche Stoffe sich in diesen Schichten befinden, über ihren Ionisierungszustand, und auf theoretischem Wege auch über die Temperaturverhältnisse. Doch dieser Teil der Sterne, von dem wir durch Beobachtungen etwas Näheres wissen, macht nur ein Hundertmilliardenstel (10^{-11}) der Masse des Sternes aus, und gerade auf diesem Hintergrund wirkt die Theorie des Sterninnern vielleicht am imposantesten.

X. Die Bewegungsmöglichkeiten in kugelförmigen Sternhaufen.

In einigen der vorhergehenden Kapitel haben wir uns mit Gravitationsproblemen beschäftigt, bei denen es sich um die Anziehung zwischen einer Anzahl Himmelskörper handelt, zweier, dreier oder mehrerer, die alle individuell mit in die Berechnung hineingezogen werden.

Wir wollen nun die Frage von Massenwirkung, d. h. von Anziehung ganzer Systeme, wo der einzelne Körper in der Menge verschwindet, behandeln.

Die Milchstraße ist ein solches System, und die Sternhaufen sind ähnliche Systeme, wenn auch in kleineren Dimensionen. Und das, was wir hier behandeln wollen, ist das Bewegungsproblem der sogenannten kugelförmigen Sternhaufen.

Die kugelförmigen Sternhaufen sind in den letzten Jahren der Gegenstand von Untersuchungen von vielen verschiedenen Gesichtspunkten aus gewesen.

Eine besonders wichtige Rolle haben diese Systeme unter anderem als Ausgangspunkt für die berühmten *Shapley*schen Untersuchungen über das Problem der Dimensionen des Milchstraßensystems gespielt, eins der größten und interessantesten Probleme der modernen Astronomie (siehe hierüber „Die Hauptprobleme", S. 91).

Im Jahre 1897 veröffentlichte der damalige Direktor des Harvard-Observatoriums *E. C. Pickering* eine Abhandlung über die Verteilung der Sterne in den kugelförmigen Stern-

Abb. 37. Kugelförmiger Sternhaufen. Der große Haufen im Herkules.

haufen ω Centauri, 47 Tucanae und Messier 13. Hierdurch wurden die Untersuchungen über die Sternverteilung in den kugelförmigen Sternhaufen eingeleitet, die später zu einem auf jeden Fall annähernd richtigen Verteilungsgesetz führen sollten. Dies Gesetz, welches wir gleich in der exakten mathematischen Form wiedergeben werden, wurde zuerst von dem englischen Astronomen und Mathematiker *H. C. Plummer* dargelegt und ist später von verschiedenen anderen Seiten bestätigt worden.

Nebenstehendes Bild (Abb. 37) ist die Reproduktion einer modernen Photographie eines kugelförmigen Sternhaufens, des bekannten großen Haufens im Herkules (Messier 13), auf dem Mount Wilson-Observatorium aufgenommen. Die Grundzüge der Sternverteilung innerhalb eines solchen Haufens fallen sofort ins Auge: größte Dichtigkeit im Zentrum, beständig abnehmende Dichtigkeit nach außen, und für das ganze System in großen Zügen die Kugelform.

Umfassende Nachzählungen der Sterne auf solchen Photographien haben ein zahlenmäßiges Resultat für die Sterndichte in verschiedenen Abständen vom Zentrum des Haufens aus ergeben, sowie sie auf der photographischen Platte erscheint, und mit Hilfe von rein mathematischen Berechnungen ist es möglich, hieraus das Gesetz für die Sterndichte im Raume abzuleiten.

Das Resultat war, übereinstimmend für verschiedene solche Haufen, daß die Sterndichte S (Anzahl der Sterne pro Einheit des Volumens) mathematisch als eine verhältnismäßig einfache Funktion des Abstandes r vom Zentrum des Haufens ausgedrückt werden konnte. Unter der Voraussetzung einer passenden Wahl der Einheiten im Problem erhielt die aus den Sternzählungen abgeleitete Formel für die Sterndichte folgendes Aussehen, das für alle, die

die ersten Elemente der Algebra kennen, leicht zu verstehen ist:

$$S = \left(\frac{3}{3 + r^2}\right)^{\frac{5}{2}}.$$

Wenn man von der Bewegung der einzelnen Sterne in einem solchen System wie einem kugelförmigen Sternhaufen spricht, bieten sich zwei Hauptgesichtspunkte dar.

Erstens wird jeder Stern, der dem System angehört, sich immer unter Einwirkung sämtlicher übriger Sterne des Sytems befinden, und zweitens kann es geschehen, daß sich einzelne Sterne im Laufe der Bewegung so nahekommen, daß die individuellen Anziehungskräfte eine Rolle spielen werden.

Wenn wir die Gesetze für die Sternverteilung innerhalb des Haufens kennen, können wir, falls wir auch die Massen der Sterne im Haufen kennen, ohne größere Schwierigkeit die gesamte Anziehung berechnen, die auf die einzelnen Sterne im Haufen wirkt. Und in bezug auf die Masse der Sterne verhält es sich so glücklich, daß viele gute Gründe uns zu dem Glauben berechtigen, daß die verschiedenen Sterne in großen Zügen ungefähr gleich große Masse haben, oder, vorsichtiger ausgedrückt, daß die Massen der verschiedenen Sterne von derselben Größenordnung sind. Daraus folgt aber, daß wir keinen wesentlichen Fehler begehen, wenn wir die Massen einander gleich setzen, und das führt dazu, daß wir unseren Ausdruck für die Sterndichte als einen, wenigstens annähernd, richtigen Ausdruck für die Massenverteilung gelten lassen können, und unsere Formel als Basis der Berechnung der gesamten Anziehung benutzen, die der Haufen auf einen individuellen Stern, je nach dem zufälligen Orte dieses Sternes im Haufen, ausübt.

Wenn wir aber die Anziehungs*kraft*, die auf einen Stern wirkt, berechnen können, dann ergeben sich daraus gewisse Gleichungen für die *Bewegung* des Sternes, und das Problem, wie diese Bewegung sich gestaltet, ist das Hauptproblem des vorliegenden Kapitels.

Bevor wir zu diesem Hauptproblem übergehen, wollen wir indessen erst einige Worte über das andere Bewegungsproblem sagen, in dem die *individuellen* Anziehungskräfte die Hauptrolle spielen. Die Möglichkeit dafür, daß zwei Sterne in einem Haufen dann und wann einander so nahe kommen können, daß sie auf Grund der gegenseitigen Anziehung ihre Bahnen gegenseitig ganz verändern, läßt sich nicht von vornherein abweisen. Und wenn wir uns vorstellen, daß solche Pseudozusammenstöße im Laufe der Zeit in großer Zahl vorkommen, dann erhalten wir eine ins Auge fallende Analogie mit einem anderen Problem im Bereiche der exakten Naturwissenschaft, der sogenannten kinetischen Gastheorie, das Problem des Aufbaues und der inneren Bewegung in einer Gasmasse, wo Millionen und Milliarden von kleinen Körpern sich unter gegenseitiger Einwirkung bewegen.

Es ist allgemein bekannt, daß die kinetische Gastheorie sich in einem wesentlichen Grad auf der Annahme aufbaut, daß die Molekeln in einer Gasmasse, wie schon angedeutet, sich in ihrer Bewegung hin und wieder sehr nahe kommen, zu zwei und zwei, und daß diese „Zusammenstöße", wie wir sie nennen können, nach und nach die Verhältnisse innerhalb des Systems wesentlich umformen. Wenn wir uns z. B. eine abgegrenzte Luftmasse vorstellen, die ganz sich selbst überlassen wäre, dann würde sich diese, nach dem Verlaufe einer gewissen Zeit, zu einer kugelförmigen Masse geordnet haben, mit genau *der* Verteilung der Molekeln, die wir aus dem Vorhergehenden als die Verteilung der Sterne in einem kugelförmigen Sternhaufen kennen: am dichtesten im Zentrum und mit einer nach außen hin stetig abnehmenden Dichte.

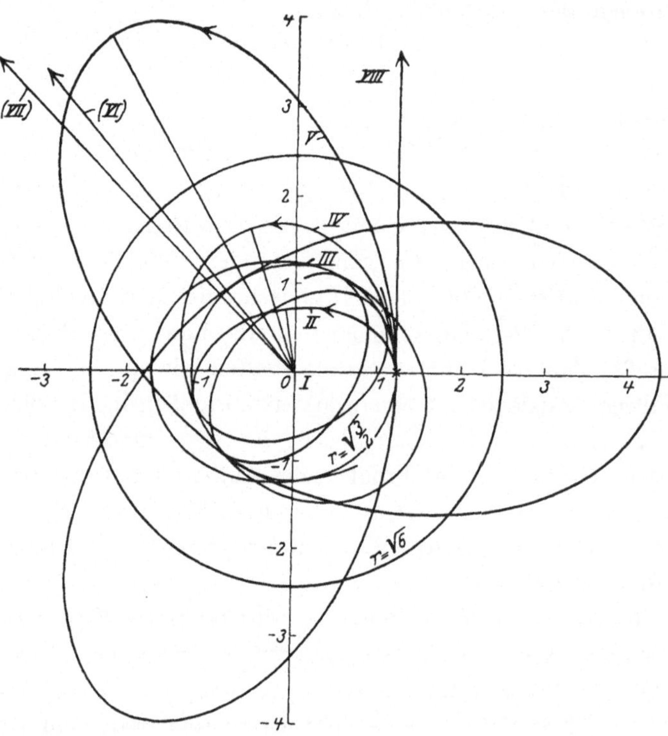

Abb. 38a. Bahnformen in kugelförmigen Sternhaufen.

Und die Übereinstimmung ist so weitgehend, daß selbst die mathematische Formel der Sternverteilung innerhalb der kugelförmigen Sternhaufen — so, wie wir sie aus den Beobachtungen kennen — mit dem mathematischen Ausdruck zusammenpaßt, den wir aus der kinetischen Gastheorie unter gewissen Voraussetzungen erhalten, auf die wir hier nicht näher eingehen werden. Indessen muß zugestanden werden, daß die Durchführung dieser Analogie zwischen Sternsystemen und Gasmassen Schwierigkeiten aufweist, und es ist noch nicht möglich, zu entscheiden, wie tief sie geht.

* * *

Wir haben in dem Vorhergehenden ein Resultat, das nicht angezweifelt werden kann: Daß das auf S. 136 angegebene Gesetz der Sternverteilung wenigstens annähernd auf die Verhältnisse in den kugelförmigen Sternhaufen paßt, die von diesem Gesichtspunkt aus untersucht worden sind. Und damit sind wir imstande, das zweite der beiden Probleme, von dem wir gesprochen haben, zu lösen: Das Problem der Bewegungen in einem kugelförmigen Sternhaufen, wenn wir von den individuellen „Zusammenstößen", wie wir sie nennen, absehen, und nur an die normale Einwirkung der gesamten Masse des Haufens auf die einzelnen Sterne denken.

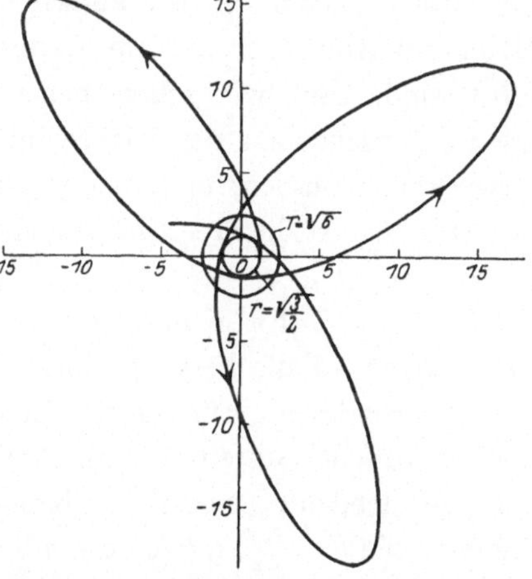

Abb. 38b. Bahnformen in kugelförmigen Sternhaufen.

Abb. 38a und 38b geben einige typische Beispiele für die Bewegungsformen, die aus dieser Theorie folgen. Auf beiden Abb. denken wir uns das Zentrum des Haufens im Anfangspunkt des Koordinatensystems. Die Abb. 38a ist, wie wir aus den Zahlen auf den Koordinatenachsen sehen, in einem wesentlich größeren Maßstabe gezeichnet als 38b. Wenn wir die Sterndichte im Zentrum des Haufens als Einheit für die Dichte wählen (wie wir es im übrigen in der Formel schon gemacht haben), dann erhalten wir die Dichte S in verschiedenen Abständen r vom Zentrum, wie auf der Tabelle auf S. 144 angegeben. So ist z. B. die Sterndichte auf dem inneren Kreis der beiden Bilder ($r = \sqrt{\frac{3}{2}}$) ungefähr = 0,363, und auf dem äußeren Kreis ($r = \sqrt{6}$) ungefähr = 0,064. In den Punkten der langgestrecktesten Bahn auf Abb. 38a, die am weitesten vom Zentrum entfernt sind, sind wir schon bei einer Dichte angelangt, die in Tausendsteln der Dichte im Zentrum des Haufens ausgedrückt werden, und in den entsprechenden Punkten der Abb. 38b ist die Sterndichte nicht mehr als ein Hunderttausendstel.

Unter den Bahnen unseres Problems wollen wir zuerst zwei extreme Fälle hervorheben:

1. Kreisbahnen. Ein Stern wandert in einem Kreis um das Zentrum des Systems herum. Auf den Zeichnungen haben wir, wie angedeutet, zwei solche Kreisbahnen hervorgehoben, die eine mit $r = \sqrt{\frac{3}{2}}$, die andere mit $r = \sqrt{6}$.

2. Geradlinige Bewegungen durch das Zentrum des Haufens. Wenn wir uns einen Stern vorstellen, der sich an der einen oder anderen Stelle des Haufens befindet, und zwar so, daß er sich in einem gewissen Augenblick in Ruhe befindet, dann wird er sofort anfangen, unter dem Einfluß der Anziehung seitens der inneren Teile des Haufens sich in der Richtung gegen das Zentrum des Haufens zu bewegen. Die Kraft wirkt ständig in derselben Richtung, und der Stern wandert daher in einer geradlinigen Bewegung und mit wachsender Geschwindigkeit, bis er zum Zentrum gelangt, wo er seine größte Geschwindigkeit erreicht. Er

fährt in derselben geradlinigen Bahn weiter durch das Zentrum fort, doch jetzt mit abnehmender Geschwindigkeit, weil die Kraft, die ständig gegen das Zentrum hin gerichtet ist, jetzt der Bewegung entgegenwirkt. Der Stern setzt seinen Weg weiter fort, bis er auf dieser Seite genau so weit gekommen ist, wie er auf der anderen war, als die Bewegung anfing. Er hält nun inne, fängt darauf wieder an, nach innen zu zu wandern, und fährt auf diese Weise fort, hinein und hinaus, beständig in derselben geradlinigen Bahn.

Dies waren die beiden extremen Fälle: Kreisbewegung und geradlinige Bewegung. In allen anderen Fällen wird der Stern eine Bewegung von der Form erhalten, die bei den verschiedenen Bahnen in Abb. 38 angegeben ist: mehr oder weniger langgestreckte Bahnen, die als ellipsenähnliche Kurven bezeichnet werden können, deren Großachsen sich beständig in einer bestimmten Richtung, im Verhältnis zu einem im Haufen festen Koordinatensystem, drehen.

Eine nähere Untersuchung der Bewegungsverhältnisse in diesen Bahnen ergibt nun als Resultat einige nicht uninteressante Eigentümlichkeiten, die am besten durch einige Sätze über die obengenannte Kreisbewegung illustriert werden.

In den klassischen Problemen innerhalb der Himmelsmechanik beschäftigen wir uns mit der dominierenden Anziehungskraft eines Zentralkörpers (gewöhnlich der Sonne), einer Kraft, die mehr oder weniger durch die Existenz von störenden Kräften modifiziert wird. In unserem Problem, dem Problem der kugelförmigen Sternhaufen, können wir von den störenden Kräften absehen, die Zentralkraft aber ist hier ganz anderer Art als im Sonnensystem.

Ein elementarer Satz aus der Mechanik besagt, daß eine symmetrisch aufgebaute, kugelförmige Masse auf eine kleine Partikel innerhalb der Masse auf folgende Weise wirkt.

Wir denken uns das Partikelchen (P) (Abb. 39) in einem bestimmten Abstand (r) vom Zentrum (C) der Kugel. Wir stellen uns die Kugelschale innerhalb der Masse vor, die exakt durch unsere Partikel P hindurchgeht. Die gesamte Anziehung der ganzen Masse (mit dem Radius R) auf die Partikel P ist dann genau gleich der, die die Masse in der kleinen Kugel mit dem Radius r auf dieselbe Partikel ausübt; diese Anziehungskraft wirkt beständig zum Zentrum der Kugel hin, und mit genau derselben Stärke, als ob die Masse in der Kugel innerhalb von P im Zentrum des ganzen gesammelt wäre.

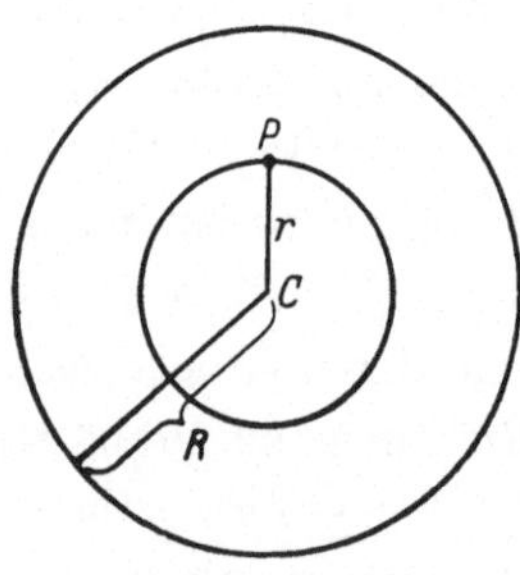

Abb. 39.
Die Anziehungskraft innerhalb eines kugelförmigen Sternhaufens.

In unserem Problem bedeutet dies: Ein Stern (P) in einem symmetrisch aufgebauten, kugelförmigen Sternhaufen wird nur von der Masse beeinflußt, die sich innerhalb der Kugelschale befindet, die durch den Stern selbst gelegt werden kann. Die Sterne, die weiter vom Zentrum entfernt sind, heben gegenseitig ihre Anziehung auf P auf. Dies bedeutet aber mit anderen Worten, daß, sobald wir uns den Stern P in Bewegung nach außen oder nach innen versetzt denken, die Masse, die anziehend auf ihn wirkt, sich beständig verändert. Und hieraus folgt, wie es auch aus der mathematischen Analyse hervorgeht, daß die Bewegungsgesetze unseres Problems von verschiedenen Gesichtspunkten aus sich von den Bewegungsgesetzen wesentlich unterscheiden, die wir aus der klassischen Himmelsmechanik kennen.

Der wichtigste dieser Unterschiede beschäftigt sich mit

den Kreisbahnen um das Zentrum herum und kann auf folgende Weise ausgedrückt werden. Von den unendlich vielen kreisförmigen Planetenbahnen, die wir uns in unserem Sonnensystem (Zweikörperproblem) um die Sonne herum vorstellen können, gilt es, daß die Geschwindigkeit in einer Bahn immer kleiner ist, je größer der Radius der Bahn ist, d. h. je entfernter vom Zentralkörper die Bewegung des Planeten stattfindet. Die Grenzfälle sind: unendlich große Geschwindigkeit, wenn der Bahnradius gleich Null ist, und Geschwindigkeit Null, wenn der Bahnradius unendlich groß ist. In den Sternhaufen sieht es ganz anders aus. Im Inneren, in der Nähe des Zentrums, ist die Geschwindigkeit in einer Kreisbahn sehr klein. In Kreisbahnen weiter nach außen wird die Bahngeschwindigkeit größer und größer, bis zu einer gewissen Grenze: So wie wir die Einheiten in unserer Formel gewählt haben, hat die Bahngeschwindigkeit ihren größten Wert in einer Kreisbahn mit dem Radius $\sqrt{6}$. Weiter nach außen wird sie wieder kleiner und nimmt danach beständig ab, je größer der Bahnradius wird, im Anfang übrigens ziemlich langsam, so daß innerhalb eines ziemlich breiten Gebietes keine wesentlichen Änderungen in dieser Geschwindigkeit eintreten. In dem Grenzfall unendlich großer Bahnradius wird die Geschwindigkeit in der Bahn = Null.

Diese Verhältnisse werden durch die folgende Tabelle anschaulich gemacht, die für gewisse bestimmte Werte von r den entsprechenden Wert der Sterndichte (S) und der Geschwindigkeit (V) für die Bewegung eines Sternes in einer exakten Kreisbahn an dieser Stelle angibt.

Vergleichen wir mit den Abb. 38 a und b, dann erhalten wir u. A. folgendes Resultat. In dem Gebiet, das zwischen dem Kreis mit dem Radius $\sqrt{\frac{3}{2}}$ (ca. 1,22) und dem Kreis mit dem

r	S	V
0	1,0000	0,000
$1/2$	0,8187	0,207
1	0,4871	0,354
$\sqrt{\frac{3}{2}}$	0,3629	0,396
$\frac{3}{2}$	0,2468	0,433
2	0,1202	0,465
$\sqrt{6}$	0,0642	0,471
3	0,0313	0,465
4	0,00991	0,440
5	0,00376	0,411
10	0,000145	0,309
20	0,000005	0,222
50	—	0,141
100	—	0,100

Radius $\sqrt{6}$ (ca. 2,45) liegt, wächst V von 0,396 bis 0,471 an — dem Maximalwert des Problems —, während die Sterndichte von 0,363 bis zu 0,064 abnimmt. Wenn wir so weit wie bis zum äußersten Punkt in der größten Bahn auf Abb. 38a kommen, dann ist S kleiner als 0,01, während V in der entsprechenden Kreisbahn da draußen noch 0,43 ist. Und in dem äußersten Punkt in der größten Bahn auf Abb. 38b ist S geringer als 0,00001, während V in der entsprechenden Kreisbahn immer noch größer als 0,2 bleibt!

Es ist klar, daß diese Sätze für die Bewegungsverhältnisse innerhalb derjenigen Systeme von Himmelskörpern wichtig sind, die wir unter dem Namen der kugelförmigen Sternhaufen kennen. Doch vorläufig liegt noch kein Beobachtungsmaterial zum Vergleich mit der Theorie vor, und es wird sicher lange dauern, bis ein solches Material zu unserer Verfügung steht. Die kugelförmigen Sternhaufen sind die Systeme in unserem Milchstraßensystem, die uns im großen und ganzen am entferntesten sind. Die Bewegungen in ihnen müssen daher, von uns aus gesehen, ungeheuer langsam vor sich gehen, und aus diesem Grunde werden wir erst in einer fernen Zukunft darauf hoffen können, in den Besitz eines auf Beobachtung gegründeten Wissens über die wirklichen Bewegungsverhältnisse in diesen interessanten Sternsystemen zu kommen.

XI. Erinnerungen von einer Amerikareise.

Einige Worte über amerikanische Astronomie.

Wer das große Glück gehabt hat, in einem höheren Maße als den meisten vergönnt ist, fremde Länder und Völker kennen zu lernen, weiß auch besser als die meisten, wie vorsichtig man sein muß, wenn man Ansichten über andere Nationen äußern will. Die folgenden Zeilen sind geschrieben, ohne im geringsten Anspruch darauf zu erheben, neue Wahrheiten auszusprechen; das Ganze ist lediglich ein Stimmungsbild, geblieben aus einer herrlichen Reise nach U.S.A. vor beinahe 10 Jahren. Wenn hinter der Veröffentlichung dieser einfachen Reiseerinnerungen eine bestimmte Absicht liegen sollte, dann wäre es vielleicht der Wunsch, der Dankbarkeit einigen amerikanischen Kollegen gegenüber Ausdruck zu geben, in erster Linie dem im Jahre 1919 verstorbenen, unvergeßlichen Direktor des Harvard-Observatoriums, Professor *E. C. Pickering.*

Meine Reise nach Amerika fiel gegen das Ende des Jahres 1917, ein halbes Jahr nachdem Amerika mit in den Krieg getreten war. Daß die seit langem geplante Reise über den Atlantischen Ozean zu dieser Zeit angetreten wurde, rührte teils von Zufälligkeiten, teils von meinem Wunsche her, zur Aufrechterhaltung der Beziehungen zwischen der Astronomie Nordamerikas und der der Zentralmächte nach Kräften beizutragen, eine Aufgabe, bei deren Lösung *Pickering* eine nie versagende Stütze wurde.

Dem Krieg begegnete man in Amerika jeden Augenblick, überall, auf Schritt und Tritt, ob man wollte oder nicht. Nicht nur auf Straßen, in Zeitungen, in Reklamen. In allen Gesprächen, mit Unbekannten und in intimen Kreisen, überall dominierte diese, alles Interesse gefangennehmende Frage: der Krieg. Man konnte ja wohl eine gewisse Reaktion spüren; an den Türen in den Kontoren des New-Yorker Geschäftsviertels stand häufig mit großen Buchstaben: Man wird ersucht, nicht vom Kriege zu sprechen. Aber natürlich, in der ganzen Welt sprach man vom Kriege, und es wäre merkwürdig gewesen, wenn es hier anders gewesen wäre.

Auf mancherlei Weise war die Situation in den Vereinigten Staaten ja zugespitzter als in den kriegführenden europäischen Ländern. Die amerikanischen Dimensionen geben sich ja auch dadurch zu erkennen, daß das gewaltige U.S.A. im Laufe einer verhältnismäßig kurzen Zeit aus Ingredienzen von allen Ländern des Erdballs aufgebaut worden ist, eine Tatsache, die von gewissen Gesichtspunkten betrachtet eine Schwäche, von anderen eine ungeheure Stärke bedeutet. Es ist wohl kaum ein Zufall zu nennen, daß die Astronomie, eine der internationalsten aller Wissenschaften, auch eine derjenigen ist, wo die Größe des amerikanischen Einsatzes am unzweifelhaftesten ist.

Auf meiner Reise traf ich mit den meisten bedeutenden nordamerikanischen Astronomen zusammen. Es liegt in der Natur der Sache, daß man bei solchen Begegnungen oft ziemlich leidenschaftliche Meinungen und Aussprüche hören mußte, sobald aber die Unterhaltung auf die wissenschaftlichen Gebiete hinüberglitt, dann wurden die nicht wissenschaftlichen Rücksichten zur Seite geschoben, da war nur von dem objektiven Suchen nach Wahrheit die Rede. Später kam eine Zeit, wo ein Teil der amerikanischen Astronomie nicht an diesem Programm festhielt; als aber die Zeit wieder reif war, waren die amerikanischen Astronomen unter denjenigen, die mit der größten Intensität verlangten, die natürlichen internationalen wissenschaftlichen Verhältnisse wiederherzustellen.

* * *

Für jemand, der als Fremder nach Amerika kommt, der bloß sehen, hören und lernen will, bietet die komplizierte Nationalitätenfrage Momente des größten Interesses.

Mitten auf der großen Wisconsinebene, nahe bei einem kleinen, entzückenden, waldumkränzten See, zwei Stunden Eisenbahnreise von der Riesenstadt Chicago entfernt, liegt das berühmte Yerkes-Observatorium, der Chicagoer Universität von dem Multimillionär *Ch. T. Yerkes* geschenkt. Es ist in den Jahren nach 1890 erbaut und hat die größte astronomische Linse der Welt.

Als ich auf meiner Reise durch 25 verschiedene nordamerikanische Staaten hin und wieder den verschiedenen Äußerungen unkultivierten Geschmacks und einseitig materieller Interessen begegnete, die der Europäer als amerikanische zu bezeichnen beliebt, gingen meine Gedanken oft zu den schönen Tagen zurück, die ich auf dem *Yerkes*-Observatorium als Gast in dem hochkultivierten Hause des Direktors, Professor *Frost*, verbracht hatte. Einige Tage des intensivsten Lernens, zwischen liebenswürdigen, verfeinerten Menschen, in einer wunderbaren Natur und unter Verhältnissen, die dem Fremden mit ganz besonderer Intensität ein Gefühl der Bewunderung für die Entwicklungsgeschichte der Vereinigten Staaten eingaben.

Professor *Frost* lud mich eines schönen Tages zu einem Spaziergang in der nächsten Umgebung des Observatoriums ein. Auf dem Wege nach Hause gab er mir, scheinbar ganz en passant, eine kleine ethnographische Übersicht der Nachbarschaft des Observatoriums, und im Folgenden gebe ich in zusammengedrängter Form seine Angaben wieder. Die Zusammenstellung gibt das Heimatland von Mann und Frau in 14 verschiedenen Familien an, bei denen wir auf dem Wege von der Schule zum Observatorium vorüberkamen, das des Mannes zuerst, das der Frau zuletzt:

1. Canada
Amerika
2. Amerika (Vater Slowake)
Ungarn
3. Norwegen
Norwegen
4. Amerika (schwedische Eltern)
Amerika
5. Amerika
Amerika
6. Amerika
Schweden
7. Deutschland
Österreich
8. Palästina
Amerika
9. Schweden
Schweden
10. Schweden
Schweden
11. Neu-Seeland
Neu-Seeland
12. Amerika
Deutschland
13. Schweden
Schweden
14. Amerika
Irland.

In dieser kleinen Übersicht liegt ein gutes Stück der wunderbaren Geschichte Nordamerikas. Vierzehn verschiedene Heime, zehn oder, wenn man will, elf verschiedene Nationen, und dabei wurde das ganze Amerika als eine Nation behandelt. Vor 75 Jahren schwangen die Indianer hier ihre Tomahawke. Als Kuriosität zeigt man dem Fremden eine Farm, die 50 Jahre alt ist. Professor *Frost*, der mich mit einem kleinen Lächeln auf diese Merkwürdigkeit aufmerksam machte, wußte gut, daß ich aus einem Lande kam, wo es Farmen gegeben hatte lange vor dem Beginn unserer Zeitrechnung. Und jetzt hatte hier 25 Jahre hindurch eins der größten wissenschaftlichen Institute der Welt gestanden!

Es ist ja nicht merkwürdig, wenn in einem solchen Lande nicht alles gleich perfekt, gleich entwickelt, gleich kultiviert ist. Die großen Unterschiede sind ein für alle Male für U.S.A. bezeichnend, und sie sind größer als in unseren alten Kulturländern. Die wirtschaftlichen Unterschiede sind hundertmal größer als bei uns, die sozialen Kluften trotz aller Demokratie wohl eben so tief, und der Unterschied in Bildung und Denkweise mehr ins Auge fallend, als bei uns.

Doch hinter Vielem, das bei oberflächlicher Betrachtung den Eindruck von weniger Kultur und mehr Materialismus (im vulgären Sinne des Wortes) erweckt, ahnt man etwas, was größer und höher ist.

* * *

Ich verbrachte einige Tage mit einer Reisebekanntschaft, einem liebenswürdigen und angenehmen Amerikaner, einem Geschäftsmanne aus den östlichen Staaten.

Wir waren einen Tag zusammen in Salt Lake City, der schönen Hauptstadt der Mormonen. Am Vormittage trennten sich unsere Wege. Ich wollte ein Konzert auf der berühmten Orgel im Tabernakel hören, the biggest (and the most expensive!) of the world, er zog es vor, das Kapitol zu besuchen. Als wir im Hotel wieder zusammentrafen, wechselten wir unsere Eindrücke aus, und mein Freund faßte seine Bewunderung, die vor allem dem Arbeitszimmer des Gouverneurs galt, in folgenden begeisterten Worten zusammen: „One room 65,000 Dollars, beautiful!"

Ich stand eines Tages im großen Kunstmuseum im Central Park in New York und betrachtete *Rosa Bonheurs* bekanntes Gemälde „Horse Fair". Neben mir eine amerikanische Familie mit demselben Vorhaben. Um einen gebildeten Eindruck zu machen, lüftete ich den Hut und fragte (von Baedeker assistiert), ob das Bild nicht von der Familie *Vanderbilt* stamme. Und prompt und sachkundig erfolgte die Antwort: „Yes, Sir, 70,000 Dollars".

Dieser Eindruck des allüberwältigenden Interesses, womit der Durchschnittsamerikaner das Geld betrachtet, wenn es in größeren Mengen vorkommt, dieser Eindruck setzt sich bei dem Fremden von Tag zu Tag mehr fest

Doch wenn man etwas genauer zusieht, und — vor allem — wenn man Gelegenheit hat, in der intellektuellen Welt Nordamerikas zu verkehren (wo man sehr selten von dem allmächtigen Dollar reden hört), dann dauert es nicht lange, bis man anfängt, hinter dieser Ehrerbietung vor dem Dollar etwas anderes zu ahnen als den reinen Geldhunger (von dem der Europäer ja ganz frei ist).

Besuchen wir einen Mann wie den berühmten früheren Chef des *Harvard*-Observatoriums *E. C. Pickering!* Ein Vollblutamerikaner, natürlich nicht typisch, insofern als er ein Ausnahmemensch war, aber trotzdem typisch für das beste in U.S.A. Einer der größten Astronomen aller Zeiten, ein auf vielen intellektuellen Gebieten interessierter Mann, ein phantasievoller Mann, doch gleichzeitig ein in seiner Wissenschaft ungeheuer nüchterner und praktischer Mann. Ein Mann, für den die Sache mehr als die Person galt, die Resultate wichtiger als die Methode waren, und dem der Fortschritt der menschlichen Kultur der Hauptgesichtspunkt war, vor dem alle anderen Interessen zurücktreten mußten.

Er sprach nicht von Dollars, aber er nannte beständig große Zahlen und große Dimensionen. Er erzählte gerne die Geschichte von *Alvan Clark*, der fünfmal seinen eigenen Rekord schlug, indem er stets größere und größere Linsen schliff.

Das ganze *Harvard*-Observatorium arbeitete mit großen Zahlen. *Pickering* war es, der die Massenproduktion wieder in die moderne Astronomie einführte. Wo andere Astronomen sich mühselig damit abquälten, die Spektren der Fixsterne, eines nach dem anderen, zu untersuchen, führte das *Harvard*-Observatorium Methoden ein, wodurch es in wenigen Jahren gelang, einige hunderttausend Sternspektren zu klassifizieren.

Die Entdeckung von veränderlichen Sternen, die vorher beinahe von Zufälligkeiten abhängig war, wurde auf dem

Harvard-Observatorium so in System gesetzt, daß man während eines bestimmten Zeitraumes dort mehr veränderliche Sterne fand als auf allen anderen Sternwarten zusammen.

Wenn andere Astronomen in vielen Fällen sich beinahe vom Zufall leiten ließen, wenn Himmelsphotographien gemacht werden sollten, oder wenn man zu einem gewissen Zweck gewisse Partien des Himmels ein für alle Male photographierte, ließ *Pickering* auf dem *Harvard*-Observatorium einige Instrumente bauen, die Nacht für Nacht, ganz automatisch, den ganzen in Harvard sichtbaren Teil des Sternhimmels photographierten, so daß man später nach Bedarf auf den Platten nachsehen kann, wie dieser oder jener Himmelskörper in dieser oder jener Nacht ausgesehen hat, in diesem oder jenem Jahre. Dies Unternehmen hat im übrigen seine eigene besondere Geschichte. Wie alle bedeutenden und initiativereichen Männer ist *Pickering* im Laufe der Jahre zuweilen auf Widerstand gestoßen. Als er den Plan zu der ständigen photographischen Überwachung des Himmels entwarf, was ja natürlicherweise allerhand Geld verschlingen mußte, fragte ihn jemand, ob man nicht zuerst alle die Himmelsphotographien bearbeiten sollte, die bereits aufgenommen waren. *Pickering* ripostierte mit der Frage, ob man von einem Bibliothekar verlangen sollte, daß er zuerst alle Bücher der Bibliothek lesen müsse, bevor er neue kaufen dürfe.

Nun, die Früchte erntete er — und die Astronomie — in reichem Maße. Wir wollen ein Beispiel nennen: den „neuen" Stern im Adler, der im Sommer 1918 entdeckt wurde. Während die europäischen Astronomen die Vorgeschichte der Nova mit Hilfe einiger weniger Platten diskutierten, auf denen sich der neue Stern — eigentlich mehr durch einen Glückszufall — befand, teilte *Pickering* mit, daß das *Har-*

vard-Observatorium im Besitz einiger hundert Platten über den betreffenden Teil des Himmels zum Studium der Geschichte der Nova sei.

Überhaupt galt es für *Pickering* wie seiner Zeit für *Tycho Brahe* und später z. B. für *Argelander,* auf einem gewissen Gebiete Material, Material und noch einmal Material zu beschaffen. Er machte sich nicht viel aus Theorien; aus dem Beobachtungsmaterial wächst jedoch die Theorie hervor, und sie wird mit Hilfe der Beobachtungen geprüft, und dadurch hat *Pickering* indirekt für die astronomische Theorie mehr getan als die meisten Theoretiker.

* * *

Von *Pickerings* weitem Blick zeugen viele Züge, die in der Erzählung fortleben. Als man einmal vor langer Zeit in einer Gesellschaft, die aus amerikanischer Kulturelite bestand und bestehen sollte, die Bedingung für Einwahl durchführen wollte, daß der Kandidat in Amerika geboren sein sollte, durchschnitt *Pickering* die Diskussion mit der Frage: Wie würden wir uns gestellt haben, falls man *Columbus* vorgeschlagen hätte? Und derselbe *E. C. Pickering* war es, der bis zu seinem Tode dafür kämpfte, daß die internationale wissenschaftliche Arbeit trotz des Weltkrieges aufrechterhalten werden sollte.

In seiner ganzen Einstellung war *Pickering* aber vor allem der Mann der großen Zahlen.

Es lag über ihm etwas mächtiges an Phantasie, an männlicher Kraft und an Arbeitsfreudigkeit. Und nicht nur seine eigenen Pläne und Ideen waren es, die von der Poesie der großen Zahlen geprägt waren. Auch in der täglichen Arbeit, die auf dem Observatorium von untergeordnetem Personal ausgeführt wurde, sorgte der große Chef dafür, ein Inzitament lebendig zu erhalten, das besser als alles andere dazu geeignet war, die Arbeit vorwärtszutreiben.

Auf der Innenseite der Türen zu den verschiedenen Arbeitszimmern auf dem *Harvard*-Observatorium sah man Diagramme angeschlagen, die das Wachsen der Arbeit Jahr für Jahr angaben. Ich vergesse nie, welchen Eindruck es auf mich machte, als ich zum ersten Male die Tür zu einem der Zimmer für veränderliche Sterne sah. Das Diagramm sah aus wie Abb. 40 zeigt. Die eine Kurve gibt Jahr für Jahr die Anzahl der auf dem *Harvard*-Observatorium entdeckten Veränderlichen an, die andere zeigt die Zahl für alle anderen Sternwarten zusammen. Im Jahre 1900 schneiden sich die beiden Kurven, und die Harvardkurve saust nachher mit ungeheurer Geschwindigkeit in die Höhe. Das war in den Tagen, wo Miß *Leavitt* und Professor *Bailey* die Magellanschen Wolken und die kugelförmigen Sternhaufen durchstöberten. Dies Diagramm würde sicher von vielen als amerikanisch, mit einem häßlichen Unterton, bezeichnet werden. Aber die, die in jenem Zimmer ihre Arbeit hatten,

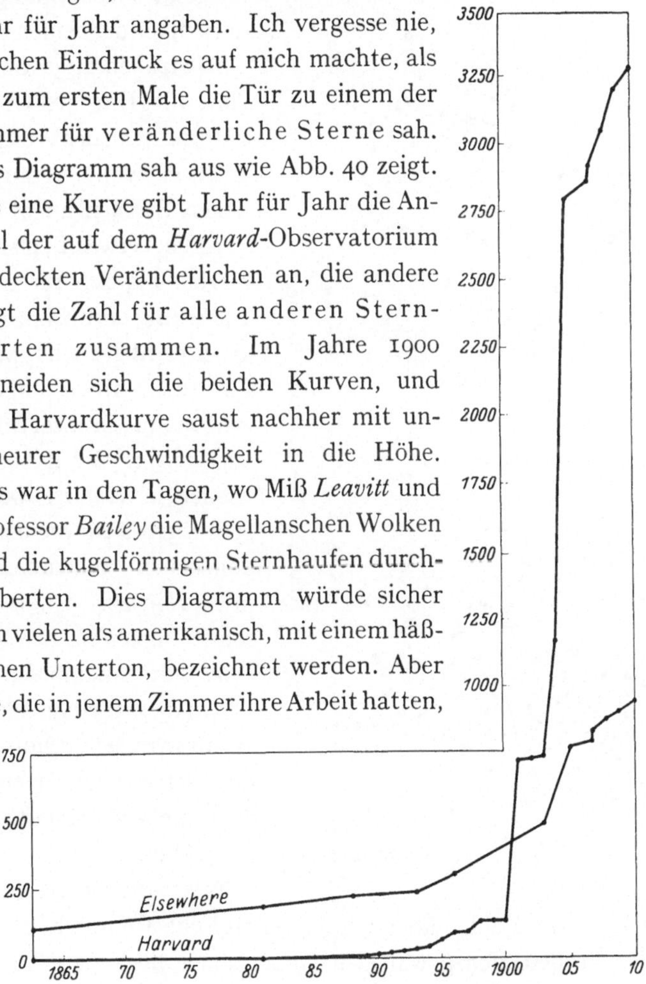

Abb. 40. Die Anzahl neuentdeckter veränderlicher Sterne in den Jahren 1860 1910 in Harvard und auf anderen Sternwarten.

müßten merkwürdige Käuze gewesen sein, wenn sie sich nicht mit allen Kräften angestrengt hätten, um die aufsteigende Krümmung in derjenigen der beiden Kurven beizubehalten, die den Anteil des Harvard-Observatoriums an der Weltproduktion von Veränderlichen Sternen angab.

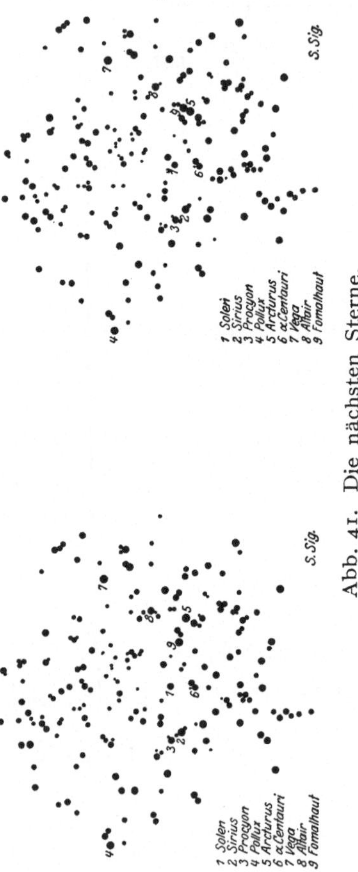

Abb. 41. Die nächsten Sterne.

Es liegt etwas Typisches hierin. Typisch für *E. C. Pickering* und seine Mitarbeiter, aber auch typisch für die amerikanische Astronomie in ihrer höchsten Form. Wir haben es wieder in *Hales* gewaltigem Einsatz für die astronomischen Instrumente, in *Campbells* Radialgeschwindigkeiten, in *Schlesingers* Sternkatalogen, in *Shapleys* Weltsystem. Wenn man sich schon ein Ziel setzen soll, warum dann nicht gleich ein großes wählen?

Es ist dieselbe fesselnde, suggestive Macht über frische, energische Gemüter, die in den großen, den gewaltigen Dimensionen liegt, und die auf dem Gebiete der materiellen Kultur U.S.A. zu dem mächtigen Arbeits- und Dollarland gemacht hat.

Bewegungsformen im Dreikörperproblem.

Nach Arbeiten, ausgeführt auf der Kopenhagener Sternwarte.

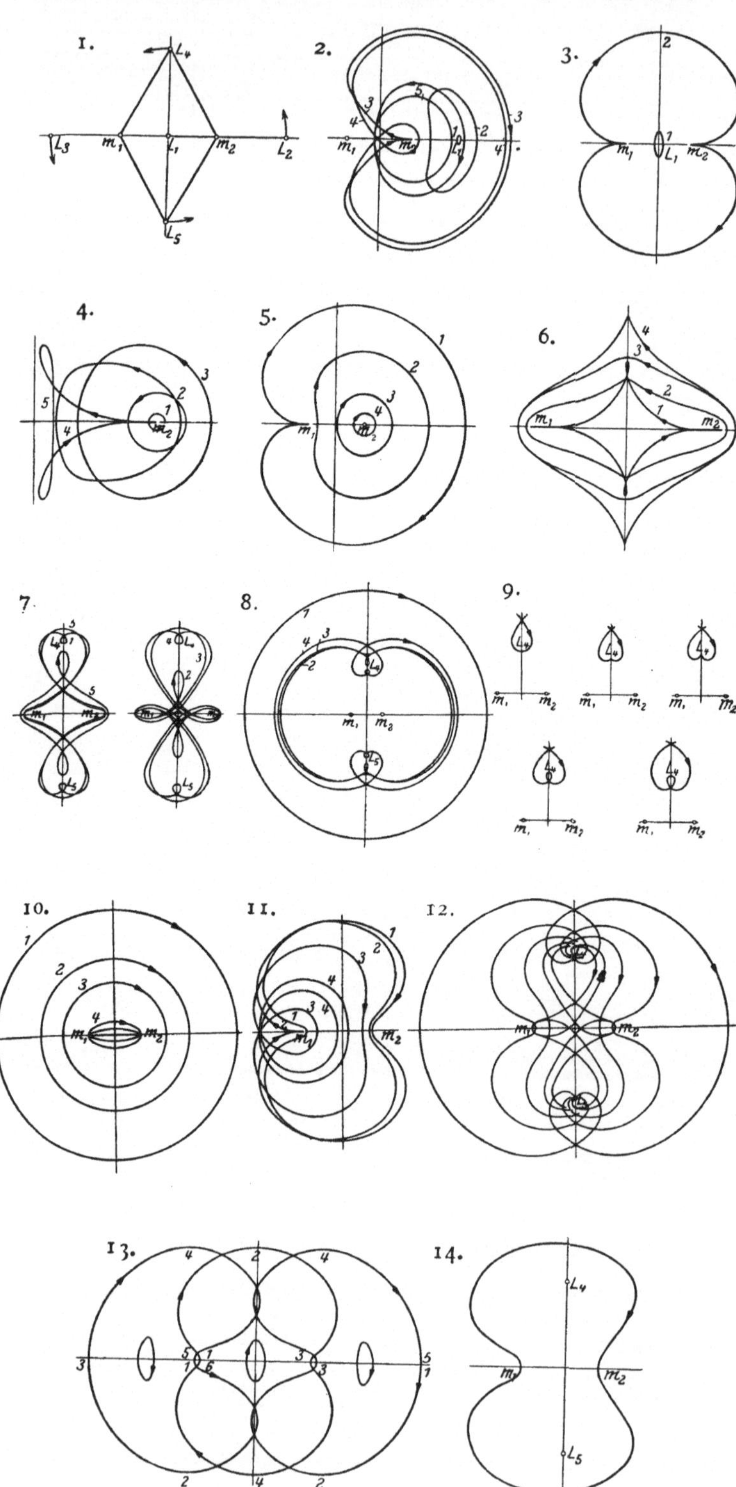

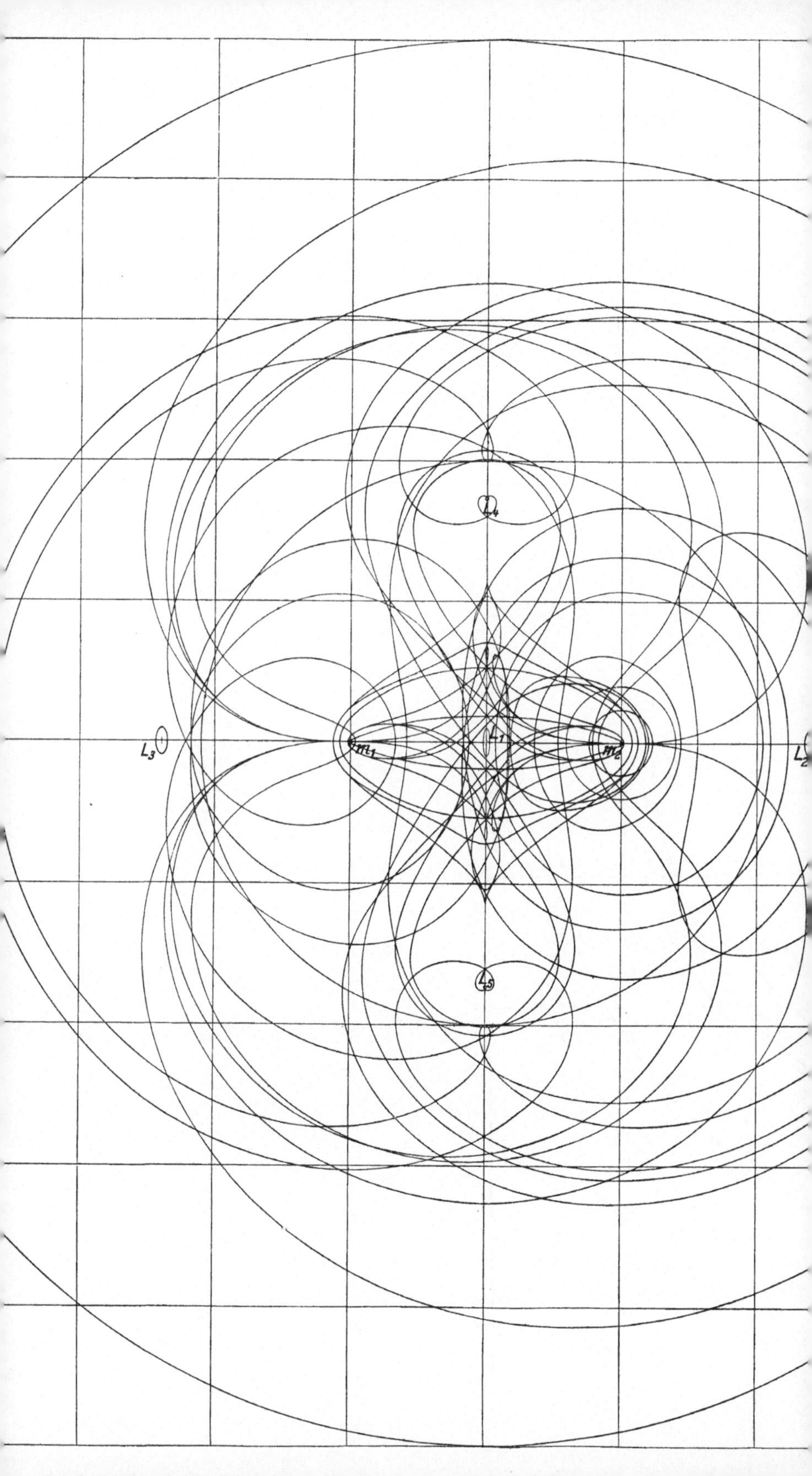

L_4
L_3
m_1
L_1
m_2
L_2
L_5

Tafel I.

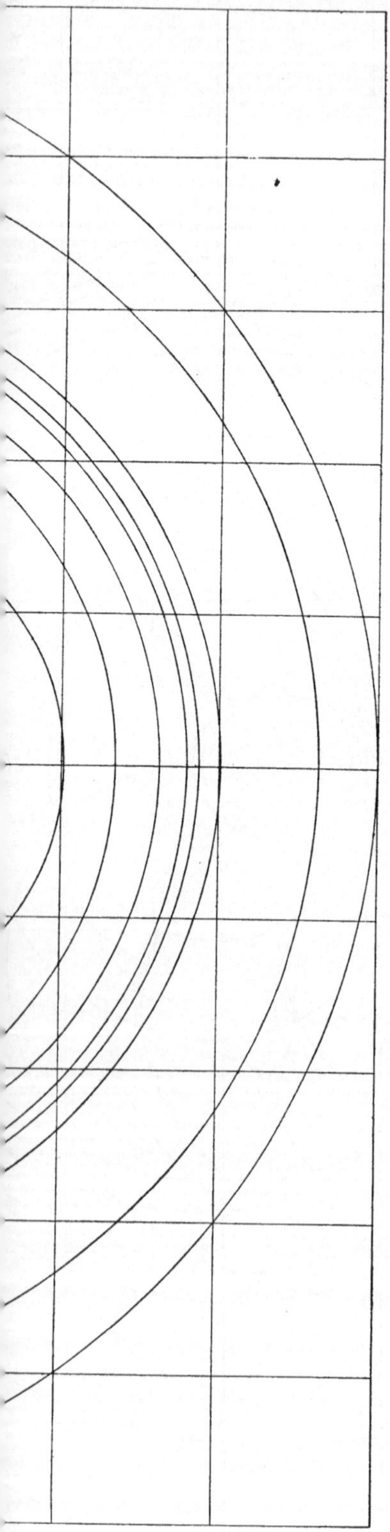